Maya 2020
应用教材

王琦　主编

周泽涛　编著

人民邮电出版社

北　京

图书在版编目（CIP）数据

Maya 2020应用教材 / 王琦主编 ；周泽涛编著. --
北京 ：人民邮电出版社，2022.10
ISBN 978-7-115-59504-1

Ⅰ．①M⋯ Ⅱ．①王⋯ ②周⋯ Ⅲ．①三维动画软件—
教材 Ⅳ．①TP391.414

中国版本图书馆CIP数据核字(2022)第146853号

- ◆ 主　　编　王　琦
  　　编　著　周泽涛
  　　责任编辑　赵　轩
  　　责任印制　陈　犇
- ◆ 人民邮电出版社出版发行　　北京市丰台区成寿寺路 11 号
  　邮编　100164　　电子邮件　315@ptpress.com.cn
  　网址　https://www.ptpress.com.cn
  　临西县阅读时光印刷有限公司印刷
- ◆ 开本：787×1092　1/16
  　印张：17　　　　　　　　　　2022 年 10 月第 1 版
  　字数：380 千字　　　　　　　2022 年 10 月河北第 1 次印刷

  　　　　　　　定价：79.90 元

读者服务热线：(010)81055410　印装质量热线：(010)81055316
反盗版热线：(010)81055315
广告经营许可证：京东市监广登字 20170147 号

编委会

主　编：王　琦

编　著：周泽涛

编委会：（按姓氏拼音排序）

随着移动互联网技术的高速发展，数字艺术为电商、短视频、5G等新兴领域的飞速发展提供了前所未有的强大助力。以数字技术为载体的数字艺术行业，在全球范围内呈现出高速发展的态势，为中国文化产业的再次兴盛贡献了巨大力量。2019年8月发布的《数字文化产业发展趋势报告》显示，在经济全球化、新媒体融合、5G产业即将迎来大爆发的行业背景下，数字艺术还会迎来新一轮的飞速发展。

行业的高速发展，需要持续不断的"新鲜血液"注入其中。因此，我们要不断推进数字艺术相关行业的职教体系的发展和进步，培养更多能够适应未来数字艺术行业的技术型人才。在这方面，火星时代积累了丰富的经验，作为中国较早进入数字艺术行业的教育机构，自1994年创立"火星人"品牌以来，一直秉承"分享"的理念，毫无保留地将最新的数字技术，分享给更多的从业者和大学生。26年来，火星时代一直专注数字技能型人才的培养，"分享"也成为我们刻在骨子里的坚持。现在，我们每年都会为行业输送数以万计的优秀技能型人才，教学成果、图书教材和教学案例通过各种渠道辐射全国，很多艺术类院校或相关专业都在使用火星时代出版的图书教材或教学案例。

火星时代创立初期的主业为图书出版，在教材的选题、编写和研发上自有一套成功经验。从1994年出版第一本《3D Studio 三维动画速成》至今，火星时代出版教材超100种，累计销量已过千万册。在纸质出版图书从式微到复兴的大潮中，火星时代的教学团队也从未中断过在图书出版方面的探索和研究。

"教育"和"数字艺术"是火星时代长足发展的两大关键词。教育具有前瞻性和预见性，数字艺术又因与计算机技术的发展息息相关，一直都奔跑在时代的最前沿。而在这样的环境中，居安思危、不进则退成为火星时代发展道路上的座右铭。我们也从未停止过对行业的密切关注，尤其是技术革新带来的对人才需求的新变化。2020年上半年，通过对上万家合作企业和几百所合作院校的最新需求调研，我们发现，对新版本软件的熟练使用，是联结人才供需双方诉求的最佳结合点。因此，我们选择了目前行业需求最急迫、使用最多、版本最新的几大软件，发动具备行业一线水准的火星时代精英讲师，精心编写出这套基于软件实用功能的系列图书。该系列图书内容全面覆盖软件操作的核心知识点，还创新性地搭配了按照章节定义的教学视频、课件PPT、教学大纲、设计资源及课后练习题，非常适合零基础读者，同时还能够很好地满足各大高等专业院校、高职院校的视觉、设计、媒体、园艺、工程、美术、摄影、编导等相关专业的授课需求。

学生学习数字艺术的过程就是攀爬金字塔的过程。从基础理论、软件学习、商业项目实战、专业知识的横向扩展和融会贯通，一步步地进阶到金字塔尖。火星时代在艺术职业教育领域经过27年的发展，已经创造出一整套完整的教学体系，帮助学生在成长中的每个阶段都能完成挑战，顺利进入下一阶段。我们出版图书的目的也是如此。这里也由衷感谢人民邮电出版社的大力支持。

　　美国心理学家、教育家布鲁姆曾说过："学习的最大动力，是对学习材料的兴趣。"希望这套浓缩了我们多年教育精华的图书，能给您带来极佳的学习体验！

王琦

火星时代教育创始人、校长

中国三维动画教育奠基人

软件介绍

Maya是Autodesk公司推出的一款三维软件，被广泛运用于三维数字动画及视觉特效制作领域中。Maya为数字艺术家们提供了一系列强大的视效工具，帮助他们完成从建模、动画、动力学到渲染的全部工作。Maya在电影、电视、游戏开发、可视化设计等领域始终保持着领先的优势。

Maya提供的一系列工具可以帮助用户创建机械、生物等造型复杂的各类模型，能够模拟丰富且写实的材质效果，能够实现逼真的肌肉绑定，能够实现灵活的动画控制，能够模拟写实的毛发、布料、烟火、洪水等特效，是数字艺术家们进行三维动画制作的首选。

本书是基于Maya 2020编写的，建议读者使用该版本软件。

内容介绍

第1课"课程概述"主要介绍Maya的动画模块、绑定模块、布料特效和毛发特效、粒子特效、刚体特效、流体特效，使读者对Maya的动画模块与特效有一个全面的认识。

第2课"动画模块"主要讲解三维动画的基本概念、编辑动画的常用工具、综合案例"篮球弹跳动画"、综合案例"人物行走动画"等。通过本课的学习，读者可以熟练掌握Maya动画模块的基础操作。

第3课"绑定模块"主要讲解绑定的基本概念、编辑骨骼、蒙皮、变形器、约束、综合案例"卡通汽车"等。通过本课的学习，读者可以熟练掌握绑定的基本技巧。

第4课"布料特效"主要讲解Ncloth创建布料的基本流程、布料的基本特征、解算器的属性、布料节点属性——动力学特性和碰撞、属性贴图、约束节点、Ncloth案例制作"解算角色舞蹈布料"、Qualoth布料系统、Qualoth案例制作"模拟角色布料"等。通过本课的学习，读者可以熟练掌握布料特效的制作技巧。

第5课"毛发特效"主要讲解毛发特效的基本原理、Nhair毛发系统、Nhair综合案例"老人毛发"、Xgen毛发系统、Xgen综合案例"女性角色发型"等。通过本课的学习，读者可以掌握毛发特效的制作技巧。

第6课"粒子特效"主要讲解创建粒子、发射器属性、粒子属性、精灵片粒子、粒子碰撞与碰撞事件编辑器、粒子替代、粒子目标、案例"魔法圈""枪林弹雨""万马奔腾"等。通过本课的学习，读者可以掌握粒子特效的制作技巧。

第7课"刚体特效"主要讲解刚体的基本概念、刚体破碎的样式、设置主动刚体与被动刚体、动力学特性、刚体节点管理器与解算器、高级刚体设定、烘焙关键帧与添加截面细节、综合案例"被撞碎的圆柱"等。通过本课的学习，读者可以掌握刚体特效的制作技巧。

第8课"流体特效"主要讲解流体的基本概念、创建流体、流体容器、添加碰撞与场、综合案例"龙卷风""爆炸"。通过本课的学习，读者可以掌握流体特效的制作技巧。

本书特色

本书全面讲解Maya 2020动画、绑定、特效的基本功能和使用方法，是一本帮助读者从入门到精通的图书。本书在基础知识的讲解中穿插案例，有助于读者学习和巩固基础知识并提高实战技能。本书内容由浅入深、由简到繁，讲解方式新颖，注重激发读者的学习兴趣和培养读者的动手能力，非常符合读者学习新知识的思维习惯，适合Maya初、中级的用户学习。

作者简介

王琦：火星时代教育创始人、校长，中国三维动画教育奠基人，北京信息科技大学兼职教授、上海大学兼职教授，Adobe 教育专家、Autodesk 教育专家，出版"三维动画速成""火星人"等系列图书和多媒体音像制品 50 余部。

周泽涛：火星时代影视后期系教学主任、影视特效资深讲师，具有10 年项目经验和教学经验，曾参与《神探蒲松龄》《少年歌行》《幻城》，以及李宁星瞳系列广告、茅台酒业广告、创维电视广告等影视与广告项目特效制作。

读者收获

学习完本书后，读者可以熟练地操作Maya的动画、绑定、布料特效、毛发特效、粒子特效、刚体特效、流体特效，还可以对影视动画制作有更深入的理解。

本书在编写过程中难免存在错漏之处，希望广大读者批评指正。如果读者在阅读本书的过程中有任何建议，都可以发送电子邮件至zhangtianyi@ptpress.com.cn联系我们。

编者

2022年8月

本书导读

本书用课、节、知识点、案例和本课练习题对内容进行了划分。

课　每课将讲解具体的功能或项目。

节　将每课的内容划分为几个学习任务。

知识点　将每节的内容分为几个知识点进行讲解。

案例　围绕该课或该节知识点进行练习。

本课练习题　除第1课外，每课结尾均配有练习题，包含选择题、判断题、填空题等题型，帮助读者检验自己是否能够灵活掌握并运用所学知识。

本课练习题 ●────────

填空题 ●────────

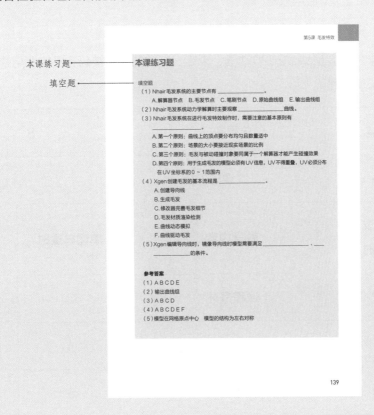

资源获取

　　本书附赠所有课程的讲义，案例的详细操作视频、素材文件、工程文档和结果文件。登录QQ，搜索群号"748463516"加入Maya图书服务群，或用微信扫描二维码关注微信公众号"职场研究社"，回复"59504"，即可获得本书所有资源的下载方式。

职场研究社

课程名称	Maya 2020 应用教材			
教学目标	使学生掌握 Maya 2020 动画、绑定、特效的使用技巧，并能使用软件创作出三维作品			
总课时	54	总周数		8
课时安排				
周次	建议课时	教学内容	单课总课时	作业
1	2	课程概述	2	
2	4	动画模块	4	1
3	8	绑定模块	8	1
4	8	布料特效	8	1
5	8	毛发特效	8	1
6	8	粒子特效	8	1
7	8	刚体特效	8	1
8	8	流体特效	8	1

目录

目录

第 14 课　布料特效

目录

第 7 课　刚体特效

目录

第 8 课 流体特效

第 **1** 课

课程概述

Maya是一款功能全面且强大的视效软件，它不仅拥有强大的模型与渲染功能，还拥有动画、绑定、特效等诸多视效工具。它能够灵活地制作各种类型的动画效果，能够完成复杂的绑定设置，还可以模拟真实的毛发、布料、烟火、爆炸等特效。Maya为数字艺术家们的艺术创作提供了无限可能。

本课将讲解Maya动画模块、绑定模块、毛发特效、粒子特效等各个模块的主要功能与特点，使读者了解每个模块的应用领域与技术标准。

本课知识要点

◆ Maya动画模块介绍　　◆ Maya粒子特效介绍

◆ Maya绑定模块介绍　　◆ Maya刚体特效介绍

◆ Maya布料特效介绍　　◆ Maya流体特效介绍

◆ Maya毛发特效介绍

第1节　Maya动画模块介绍

动画模块是Maya十分强大的模块之一。它拥有关键帧技术、动画曲线图编辑器、动画层等丰富的动画编辑工具，能够灵活地制作机械、生物等各类动画效果。同时Maya支持肌肉系统、动作捕捉系统、面部捕捉系统等，能够制作逼真的角色动画，如《哥斯拉大战金刚》《阿丽塔：战斗天使》《疯狂动物城》等都是Maya的杰作。Maya的动画模块是动画艺术家们创作时常用的工具。

随着Maya版本的迭代更新，Maya拥有了更加完善且强大的动画系统，在写实角色、人工智能动画、程序动画等领域将为动画艺术家们提供更加丰富且强大的工具。

本书将在第2课讲解Maya动画模块的常用命令和角色动画的制作流程，使读者掌握Maya动画编辑工具的使用方法与技巧，并能够使用这些知识完成三维动画的制作。

第2节　Maya绑定模块介绍

绑定是三维动画制作的灵魂，在一定程度上绑定决定了动画品质的上限。角色拥有合理的绑定系统，才能灵活地实现各种复杂的变形效果。

Maya拥有强大的绑定系统，它为动画艺术家们提供了骨骼、变形器、约束、肌肉等丰富的绑定工具，能够提供机械、卡通、写实角色等一整套绑定方案。例如《变形金刚》中帅气的机车变形，《玩具总动员》中可爱的卡通角色，《新侏罗纪公园》中栩栩如生的恐龙角色，都是通过Maya的绑定系统进行控制的。强大的绑定系统使Maya被广泛地运用在三维动画、电影特效、广告特效、游戏等诸多领域。

本书将在第3课讲解Maya绑定的基本原理与各类绑定命令，使读者掌握各种绑定工具的使用技巧，并能够使用所学知识完成角色、道具等绑定作品。

第3节　Maya布料特效介绍

在当今的影视项目中，三维元素越来越丰富，而表现栩栩如生的三维角色，少不了布料特效的修饰作用。例如《白蛇：缘起》中角色身上随风飘逸的绸缎，《复仇者联盟》中绿巨人浩克变身时撕碎的夹克，《西游记之大圣归来》中迎风招展的披风，都是布料特效的杰作。

Maya拥有Ncloth、Quaolth布料系统，能够解算出动态真实的布料效果。布料系统丰富的约束命令和属性通道，能够实现撕裂、膨胀等复杂特效。同时布料系统能够与流体、粒子、刚体交互，生成令人信服的复杂动态。Maya布料系统是三维角色衣服动态模拟、软体特效等制作的首选工具。

本书将在第4课讲解Ncloth、Quaolth布料系统的各个属性的功能，并通过实际案例的制作使读者掌握产品级布料特效的制作技巧。

第4节 Maya毛发特效介绍

毛发是展现角色形象必不可少的元素，动态合理、质感写实的毛发效果能够让角色更加传神。例如《狮子王》中的毛发特效让每一个CG（Computer Graphlcs，计算机动画）动物都能够以假乱真，《阿丽塔：战斗天使》中写实的毛发特效让CG角色阿丽塔与实景完美融合，《哥斯拉大战金刚》中金刚的毛发效果则由Maya的Xgen毛发系统模拟得惟妙惟肖。

Maya拥有Nhair、Xgen、Yeti等诸多毛发系统，提供了毛发塑形与动态模拟全流程方案，能够模拟真实的人物长发和动物短毛效果。Maya的毛发系统操作简单、控制灵活，数字艺术家们可以不必拘泥于软件，最大限度地进行艺术创造。

本书将在第5课讲解Nhair、Xgen毛发系统的各个属性的功能，以及从角色塑形到动态模拟的全流程，并通过案例制作使读者掌握写实毛发的制作技巧。

第5节 Maya粒子特效介绍

在诸多影视剧中，炫酷的视觉特效都是由粒子完成的，比如《奇异博士》中火花四溅的时空门，《白蛇：缘起》中飞舞的花瓣，《英雄》中万箭齐发的特效等。

Maya粒子作为早期应用在影视制作中的特效技术，既可以灵活地赋予粒子颜色、位置、速度、大小等诸多属性，还可以通过力场改变其运动方向。而粒子目标、粒子替代等技术可以制作群集动画、下雨等特效。

本书将在第6课讲解Maya粒子特效的各个属性与功能，并通过"魔法圈""枪林弹雨""万马奔腾"等案例的制作，使读者掌握粒子目标、粒子替代、表达式编辑等知识。

第6节 Maya刚体特效介绍

刚体特效是电影特效中最具视觉冲击力的特效元素。例如《流浪地球》中坍塌的冰山，《后天》中坍塌的桥梁，《哪吒之魔童降世》中炸碎的房屋等特效，都是通过刚体特效技术来实现的。

Maya的刚体特效是早期应用在影视制作中的特效技术，基于Maya开发的刚体插件也比较多。Maya的刚体特效能够实现不同材质的破碎效果，还能模拟二次破碎、刚体约束、地裂等破碎效果。

本书将在第7课讲解Maya强大的刚体插件PDI，并通过案例的制作使读者掌握刚体的制作流程与原理，且能完成复杂刚体特效的制作。

第7节 Maya流体特效介绍

流体是场景特效中非常有魅力的特效元素，它能模拟出真实的气态与液态效果。例如《后天》中海水淹没城市的宏大视效，《金刚川》中喀秋莎爆炸时的壮观画面，《霍比特人》中史矛革喷射的炽热火焰等，都是通过流体特效技术制作出来的。

Maya拥有Fluid、Boss、Bifrost等功能强大且丰富的流体工具，能够模拟写实的烟火、海洋、洪水等视觉效果，被广泛运用在电影、电视剧、三维动画、广告特效等领域中。

本书将在第8课讲解Maya流体特效的各个属性与编辑技巧，并通过"龙卷风""爆炸"等案例的制作，使读者理解流体特效的基本原理与使用技巧。

第 **2** 课

动画模块

动画以其独特的艺术表现形式深受人们的喜爱，被广泛运用在电影、广告、游戏等各个领域。三维动画是当今动画的主流表现形式，而制作三维动画的主流软件当数Maya。Maya拥有灵活的动画编辑工具，强大的骨骼、肌肉绑定系统，能够制作出栩栩如生的动画角色，是各大影视公司制作三维动画的必备工具。例如《哪吒之魔童降世》《白蛇：缘起》《西游记之大圣归来》《哥斯拉大战金刚》等众多影片，都选择Maya作为主要的创作工具。

本课将讲解Maya制作动画的方法和流程，介绍关键帧动画、驱动关键帧、路径动画和非线性变形器等的制作技术，并使用曲线图编辑器演示关键帧动画的调节方式、动画曲线与运动规律的对应关系等知识，使读者掌握Maya编辑动画的技巧。

本课知识要点

◆ 三维动画的基本概念　　◆ 综合案例——篮球弹跳动画

◆ 编辑动画的常用工具　　◆ 综合案例——人物行走动画

第1节 三维动画的基本概念

二维动画是在二维平面上表现物体的运动，物体的空间与体积关系只能通过简单的大小对比与色块的变化来表现，视觉细腻程度远不及真实的三维世界。而三维动画是在一个虚拟的三维空间表现物体的运动，物体可以实现任意方向的移动，能够呈现出真实的空间变化。在三维空间里物体有体积和光影变化，可以模拟出与现实世界一样的光影关系和丰富的质感，在Maya中我们可以像在真实世界里一样拍摄影片。

现实生活中物体的运动规律是复杂且多变的。简单的小球弹跳只需要表现物体的旋转与位移即可。复杂的生物角色则既需要考虑骨骼和肌肉的运动规律，还需要考虑情绪与肢体语言。Maya动画模块提供了一整套动画解决方案，包括关键帧动画、驱动关键帧、非线性动画、路径动画、运动捕捉、动力学动画和表达式动画等。用户可以根据不同的情况选择不同的方法，高效地完成动画创作。

知识点 1 帧

帧是动画中衡量时间的基本单位。在制作动画的过程中，将一秒分成相等的若干份，每一份时间间隔（称为一帧）中对象的运动状态保持不变，将一连串连续变化的画面连接起来，观众就会看到对象的运动。

知识点 2 帧速率

帧速率是指每秒播放多少帧。不同格式的节目会采用不同的帧速率。电影格式帧速率为24帧/秒；游戏为15帧/秒；电视格式又分为NTSC（正交平衡调幅）制和PAL（逐行倒像正交平衡调幅）制，NTSC制为30帧/秒，PAL制为25帧/秒。

知识点 3 关键帧

手绘二维动画中，每个动作的过渡画面都需要逐帧绘制，1秒24帧就需要绘制24张画面。而三维动画只需要设置初始帧与结束帧的画面，中间过渡部分由计算机自动生成。比如模拟一个小球下落的动画，首先设置好小球初始的位置，再设置好落地的位置，中间部分的过渡画面由软件自动生成。小球在初始与结束位置设置的帧，称之为关键帧。

关键帧决定了每段动画中对象位移的最大幅度，无数个关键帧就组合成一段富有变化的动画。

知识点 4 关联动画

关联动画是指物体之间的运动关系。比如汽车前行时车轮转动，车身前移与车轮旋转就需要关联关系。在制作这类动画时，可以将车的位移属性与车轮的旋转属性设置为关联动画，移动车身时车轮自动旋转。类似的关联动画既可以节约大量制作时间，也可以使动画效果更加真实。

知识点 5　表达式动画

三维软件本质上是由计算机程序组合而成的，很多动画效果可以直接通过运行程序代码来实现。在Maya中通过编写代码来驱动的动画称为表达式动画。在模拟某些动画效果时，使用表达式动画更加高效，比如模拟忽明忽暗的灯光，可以写有关灯光强度的随机表达式来实现。

知识点 6　动画曲线

动画是控制对象的运动状态随时间发生变化而产生的。如果以时间为横轴，以运动状态的值为纵轴，建立一个直角坐标系，在这个直角坐标系中记录每个时间点的运动状态，会形成一条曲线，这条曲线就是动画曲线。

通过动画曲线可以清楚地看出对象的运动状态是静止不动、匀速运动、加速运动还是减速运动。动画曲线是为对象设置和调整关键帧时重要的辅助手段，如图2-1所示。

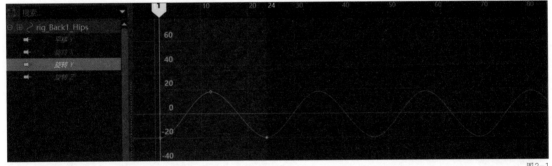

图2-1

第2节　编辑动画的常用工具

在开始制作动画之前，我们需要了解Maya编辑动画常用的工具与命令。本节将讲解时间、关键帧编辑、动画曲线图编辑器等的相关知识，使读者掌握Maya制作动画的常用工具。

知识点 1　设置时间线

一部影片是由无数个镜头组接而成的，每一个镜头都有固定的时间长度。在制作每一段动画时，首先需要设定该镜头的时间长度。时间线在Maya视图的下面一栏，如图2-2所示。

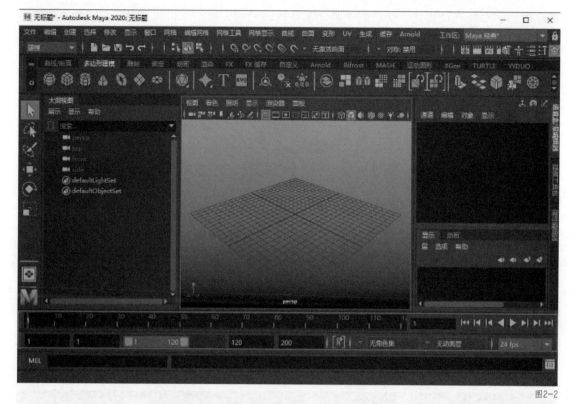

图2-2

在时间线上可以设置镜头的总时长与播放时长。最左边和最右边的参数可以设置总时长，如图2-3所示。中间的两个参数可以设置播放时长，如图2-4所示。播放时长还可以通过拖曳滑杆来快速设置，如图2-5所示。

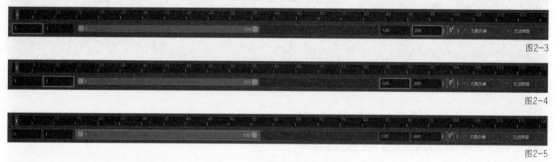

图2-3

图2-4

图2-5

知识点 2　设置帧速率

在制作动画时设置帧速率非常重要，它决定了每秒动画需要制作多少帧。比如：按照电影格式24帧/秒，5秒的动画需要设置120帧；按照NTSC制格式的30帧/秒，则需要设置150帧。帧速率也关系到预览动画时的节奏是否正确。

在Maya里设置帧速率的方法如下：单击界面右下角的 🔧 按钮，打开"首选项"窗口，单击"帧速率"右侧的下三角按钮，在弹出的下拉列表中可以选择需要的帧速率，如图2-6所示。在预览动画时，为了避免播放速度太快，还需要将"最大播放速度"设置在帧速率范围内，如图2-7所示。

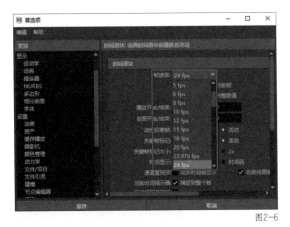

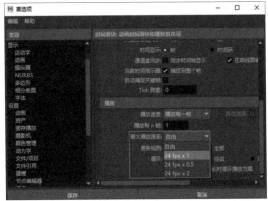

图2-6

图2-7

知识点3 关键帧的编辑

关键帧动画是Maya制作动画的主要方式，创建关键帧的方式有4种。

第一种，选择需要设置帧的物体，按快捷键S，为物体的所有属性记录关键帧，如图2-8所示。

第二种，选择需要设置帧的物体，在其属性栏上单击鼠标右键，执行快捷菜单中的"为选定项设置关键帧"命令，如图2-9所示。想要删除某一属性的关键帧，可以在该属性上单击鼠标右键，执行快捷菜单中的"断开连接"命令。

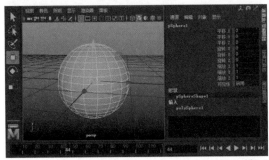

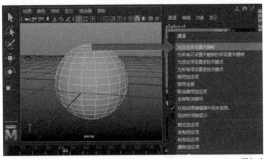

图2-8

图2-9

第三种，按快捷键Shift+W设置移动属性的关键帧，按快捷键Shift+E设置旋转属性的关键帧，按快捷键Shift+R设置缩放属性的关键帧。

第四种，单击"自动关键帧"按钮（见图2-10），在编辑动画时系统自动设置关键帧（设置关键帧在行业里一般称为K帧）。

图2-10

注意 使用自动关键帧时，一定要先确保物体有关键帧信息，即物体设置过关键帧。

移动关键帧。按住Shift键的同时在时间线上拖曳鼠标指针，将关键帧框选。此时时间线上出现红色的选区，然后拖曳红色选区至合适的位置，关键帧就被移动了，如图2-11所示。

图2-11

用户也可以对关键帧进行复制、粘贴、删除等操作。在时间线上选择关键帧，单击鼠标右键，执行快捷菜单中需要操作的命令即可，如图2-12所示。

图2-12

知识点4 动画曲线图编辑器

曲线图编辑器是Maya重要的编辑动画的工具。它将动画过程用曲线的形式描述并展示给用户。曲线图编辑器采用平面直角坐标系来展示动画曲线，坐标系的横坐标为时间，纵坐标为参数值。将对象的动画以曲线的形式表现出来，能直观地反映出对象运动的变化规律。曲线的形状就代表了对象的运动状态，如图2-13所示。

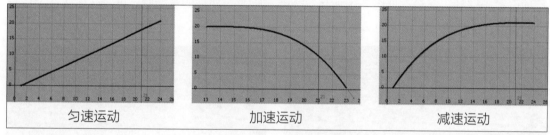

| 匀速运动 | 加速运动 | 减速运动 |

图2-13

在一段连续的动画中，每个动画关键帧的状态都是固定的，但两个关键帧之间的动画是不确定的，即物体从一种状态过渡到另一种状态的中间过程是不确定的。修改两帧之间的动画，主要是通过修改每个关键帧上的切线来实现的。动画曲线上经过任何一个点的切线都有两个方向，指向"过去"方向的称为入切，指向"将来"方向的称为出切，如图2-14所示。一个关键帧入切的方向影响该关键帧之前曲线段的形状，如图2-15所示；出切的方向影响该关键帧之后动画曲线的形状，如图2-16所示。

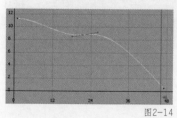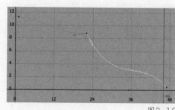

图2-14 　　　　　　　　　图2-15 　　　　　　　　　图2-16

在菜单栏中执行"窗口-动画编辑器-曲线图编辑器"命令，可以打开"曲线图编辑器"
窗口。在"曲线图编辑器"窗口中既可以同时显示多个节点的所有动画曲线，也可以显示单个节点、单个属性的动画曲线，如图2-17所示。

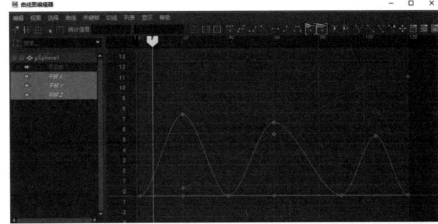

图2-17

在"曲线图编辑器"窗口的左侧是节点及动画属性列表，窗口的右侧是动画曲线显示窗。窗口的上部是一排以图标方式呈现的工具，这些工具是一些常用的动画曲线编辑工具，用户也可以从菜单中找到它们。

（移动最近关键帧）：用于单独移动关键帧或切线手柄。

（插入关键帧）：用于在选择的曲线上插入新的关键帧。

（关键帧晶格变形）：此工具用晶格点来调整动画曲线的形状。

（区域）：可缩放或者移动关键帧。

（调整时间）：可标记、移动、缩放关键帧。

（匹配全部面板）：满窗显示整条动画曲线。

（显示播放范围）：满窗显示动画播放范围。

（以当前帧为显示中心）：以当前帧为中心显示动画曲线。

（自动切线）：将顶点两端的曲线，沿着切线方向延申，可以使曲线过度更平滑。

（曲线切线）：两个关键帧之间的部分采用光滑曲线的方式过渡。

（夹具切线）：创建的动画曲线既有样条曲线的特征，又有直线的特征，这是系统默认的曲线过渡方式。

（线性切线）：两个关键帧之间的部分采用直线方式过渡。

（水平切线）：使关键帧的切线入切方向和出切方向均为水平方向。

（步幅切线）：两个关键帧之间不是以渐进的方式过渡，而是跳转。

（封顶）：系统采用"样条线"方式处理关键帧之间的过渡。

/（默认入切线/默认出切线）：从中可以为关键帧选择默认的入切线或出切线设置。

（曲线快照）：对编辑的曲线创建快照，用于进行编辑前后的对比。

（交换缓存区曲线）：可以将缓存曲线与当前曲线互换。

（断开切线）：将一个关键帧切线的入切手柄和出切手柄分开，可以单独控制一个方向，相互之间不会产生影响。

（统一切线）：动画曲线关键帧上的切线已经将入切和出切分开控制，用此工具可以将一个关键帧切线的入切手柄和出切手柄连为一体。

（释放切线权重）：释放动画曲线切线权重，可以自由调节切线权重，这样调节起来更灵活。

（锁定切线权重）：将自由的动画曲线切线权重锁定。

（自由拖曳）：可不受约束地拖曳曲线顶点。

（时间捕捉开关）：在移动关键帧时，时间始终捕捉到最近的整数时间。

（数值捕捉开关）：在移动关键帧时，参数值始终捕捉到最近的整数数值。

（打开Dope Sheet窗口）：打开Dope Sheet窗口，这是另一个修改动画的工具窗口。

（打开时间编辑器）：打开时间编辑器并加载当前编辑物体的关键帧。

知识点 5 摄影机

每一段动画都由特定的镜头进行拍摄，制作时预览动画和渲染动画，都是以拍摄的摄影机为视角进行的，所以制作每一段动画前需要首先确认拍摄的摄影机。

在菜单栏中执行"创建－摄影机"下的"摄影机""摄影机和目标""摄影机、目标和上方向"命令，可以创建不同类型的摄影机。3种摄影机呈现的效果如图2-18所示。

图2-18

第一种为默认摄影机；第二种为默认摄影机加一个目标约束器，摄影机在移动时可以保持持续面向拍摄对象；第三种摄影机相比第二种摄影机多一个垂直轴向的控制器，可以控制摄影机左右旋转。

当场景中创建摄影机后，可以在"透视图"窗口执行"面板－投射－用于拍摄的摄影机"命令进入摄影机视角，如图2-19所示。

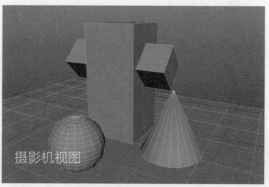

图2-19

单击"透视视图"中的"分辨率框" 和"遮罩框"按钮，可以打开视图的安全框，便于观察画面构图，如图2-20所示。执行"视图窗口"上的"面板-撕下/撕下副本"命令，可以将摄影机视图作为单独的标签栏显示，如图2-21所示。

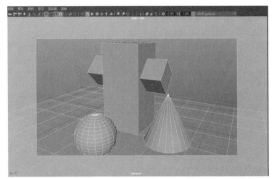

图2-20

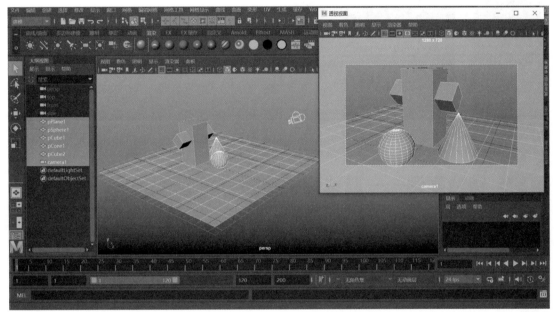

图2-21

知识点6 父子约束

父子约束是指一个物体约束另一个物体的位移、旋转、缩放。比如A约束B，A与B的关系是父子物体关系，B物体可以随着A物体的位移、旋转、缩放而发生相应的变化，但B物体是独立的。

父子约束是制作动画时常用的约束方式，A约束B的方法是，首先选择B物体，再加选A物体，按快捷键P或者在菜单栏中执行"约束-创建-父子约束"命令。如图2-22所示，场景中有一架飞机，螺旋桨拥有自己的旋转方向，但是螺旋桨又必须跟随飞机一起运动，此时就可以将螺旋桨模型约束在机身模型上。

图2-22

知识点 7 循环动画

循环动画是指一个物体运动的幅度与时间间隔是重复的，比如摆动的钟摆。进行循环运动的物体只需要制作一次动画，后续让系统重复读取动画就可以了。

比如在场景中有一个跳动的篮球，只需在落地与弹起的位置设置一次关键帧，然后在"动画曲线图编辑器"里选择动画曲线，执行"曲线－后方无限－循环"命令，就可以实现篮球的循环跳动，而无须再往后制作关键帧。同时选择动画曲线，执行"视图－无限"命令，还可以看见循环的动画曲线，如图2-23所示。

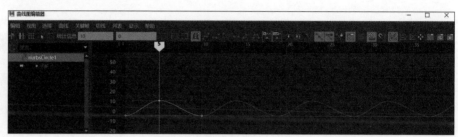

图2-23

第3节 综合案例——篮球弹跳动画

本节将通过"篮球弹跳动画"案例的制作，使读者掌握关键帧的编辑方法，理解动画的制作流程。

知识点 1 整理模型

打开场景文件"Class_02_Animation\Animation_pg\scenes\Basketball.mb"，效果如图2-24所示。

图2-24

选择篮球模型后切换到旋转工具，可以控制篮球的旋转，如图2-25所示。垂直移动图2-25中顶部的曲线，可以控制篮球压扁的程度，如图2-26所示。选择最外部的曲线，可以整体移动篮球，如图2-27所示。

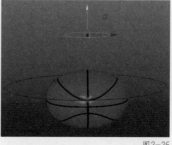

图2-25　　　　　　　　　图2-26　　　　　　　　　图2-27

本案例模拟的效果是篮球自由落地，反弹再落地，直至停下的动画。需要选择合适的属性来控制篮球的位移、落地时的压缩、空中的旋转等效果。

制作动画的核心是控制物体的位移和时间来表现速度。关键帧的设置不能太随意，需要遵循基本的物理规律才能制作出具有真实感的动画效果。自由落体，在时间与位移上遵循 $h = \frac{1}{2}gt^2$ 原则。通过曲线图可以展现物体下落后的弹跳高度与时间的关系，如图2-28所示。

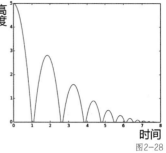

图2-28

知识点 2 篮球的弹跳动画

首先选择最外部的曲线，将Y轴在0帧设置为30，在25帧设置为0，在50帧设置为18，在75帧设置为0，在100帧设置为10，在125帧设置为0，在150帧设置为6，在175帧设置为0，在200帧设置为4，在225帧设置为0，在250帧设置为0，在275帧设置为-1，在300帧设置为1，在325帧设置为0，在350帧设置为0，效果如图2-29所示。

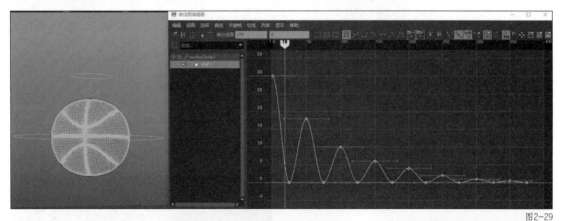

图2-29

篮球落地是加速运动，弹起时是减速运动，需要选择底部的关键帧，单击"断开切线"工具 ▣，将操作手柄断开，再将入切调成加速状态，将出切调成减速状态，如图2-30所示。

落地的关键帧时间间隔是逐步变短的，此时需要选择所有的曲线，使用"关键帧晶格变形"工具 ▦ 和"区域"工具 ▪ 将曲线向左侧缩放，如图2-31所示。

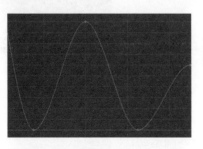
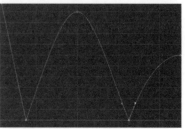

图2-30

图2-31

篮球弹跳的动画效果如图2-32所示。

图2-32

知识点 3　篮球的压缩动画

篮球在触地的瞬间受到外部压力会产生压缩变形。在三维动画中，为了夸大压缩的动态，可以给控制篮球压缩的控制器的Y轴设置关键帧，比如在触地前Y轴缩放值保持0，触地时将Y轴缩放值设置为-2，反弹后再将Y轴缩放值设置为0，效果如图2-33所示。

图2-33

后续触地的压缩强度逐步变弱，设置的Y轴缩放值也要逐步减小。压缩动画的曲线最终效果如图2-34所示。

图2-34

知识点 4　篮球位移动画

篮球在跳跃的时候还需要保持向前运动，这时可以在起点与终点位置设置X轴关键帧，如图2-35所示。

图2-35

篮球在向前运动时，因为受到弹跳、摩擦力、阻力等因素的影响，能量逐步消耗，呈减速运动，所以要将X轴的动画曲线调为减速状态，如图2-36所示。

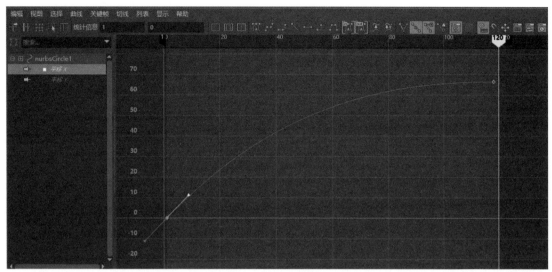

图2-36

知识点5 篮球旋转动画

篮球向前运动时会伴随着旋转运动，旋转运动的方向与前进的方向保持一致。模拟旋转的动画，需要选择篮球模型，在旋转的Z轴上设置关键帧，比如起始帧设置为0，结束帧设置为-600，如图2-37所示。

图2-37

篮球的旋转同向前运动一样，因为受到弹跳、摩擦力、阻力等因素的影响，能量逐步消耗，呈减速运动，所以要将Z轴的旋转动画曲线调为减速状态，如图2-38所示。

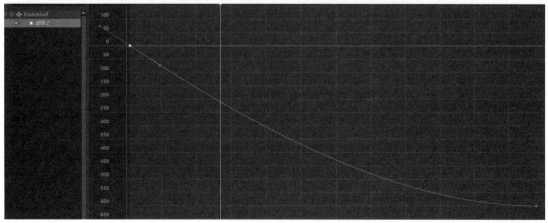

图2-38

这样，一个从高处掉落，并不断弹跳翻滚直至停下的篮球的动画就制作完了，最终完成效果如图2-39所示。

总结：篮球弹跳的案例侧重位移、旋转、缩放等常用属性的编辑方法的讲解；动画曲线在优化动画节奏时非常重要，熟练使用动画曲线图编辑器能够提高动画的制作效率。同时，对真实世界物体运动状态的理解与分析，是制作合理动画的前提。

图2-39

第4节　综合案例——人物行走动画

行走是基础的角色动画，行走时涉及身体多个部位的运动，需要对多个控制器进行协调，才能制作出合理的动画效果。本节将讲解人物行走动画的制作流程，使读者掌握人物行走动画的制作技巧。案例效果如图2-40所示。

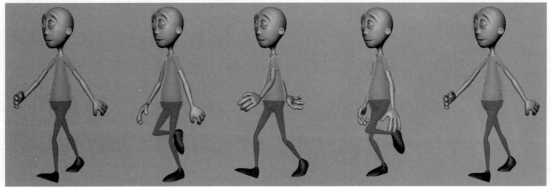

图2-40

知识点1　整理文件

首先需要打开本案例的人物素材"Animation_pg\scenes\Dee_Maya_v1.0.mb"的场景文件，如图2-41所示。

本案例的模型为绿色上衣、蓝色长裤的卡通人物，在人物的关节处有各种可旋转的曲线控制器，选择控制器后在右侧的通道盒里有更多可控制人物运动的属性，如图2-42所示。在制作前首先需要测试各个属性，比如选中旋转脚部的控制器后，调节"Foot_Roll"属性，可以控制脚尖，如图2-43所示。

图2-41   图2-42   图2-43

> **注意** 不同的角色绑定的设置不同，属性的名称也不同，在制作动画之前首先需要测试绑定文件，了解控制器的使用方法。

知识点2 初始姿势

人物在行走时，每两步为一个循环。在制作动画时只需要完成一个循环的动画，后续的动作重复播放即可。本案例设计的人物行走一个循环为24帧，即24帧行走两步，首先需要将时间线设置为24帧时长。

选择人物肩膀的控制器，并旋转至合适角度，使双手自然下垂，如图2-44所示。

图2-44

然后框选所有的控制器，分别在第1帧和第12帧处按S键设置关键帧。为了后续制作动画方便，可以开启"自动关键帧"按钮。

在第1帧处旋转控制器制作第一个关键帧姿势。关键帧姿势的制作步骤如下。

选择左腿的控制器，使其前移，并旋转控制器使左脚脚尖向上；右脚的控制器后移，并旋转控制器使脚尖弯曲。具体如图2-45所示。

选择左肩的控制器，使其向后旋转，使左手腕向上弯曲；右肩的控制器向前旋转，使右手腕向上弯曲。具体如图2-45所示。

人物在行走时颈部、肩部、胸部、胯部也会发生旋转的变化。当迈左腿时胯部向右旋转，胸部和肩部向左旋转，颈部微微向右旋转，如图2-46所示。

通过顶视图观察，左右腿和左右手臂旋转的方向相反，幅度相同，如图2-47所示。

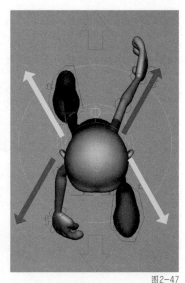

图2-45　　　　　　　　　　　　图2-46　　　　　　　　　　　　图2-47

在第12帧处制作迈右腿的关键帧姿势。迈右腿时的姿势与迈左腿时的姿势一样，幅度一致但方向相反，如图2-48所示。

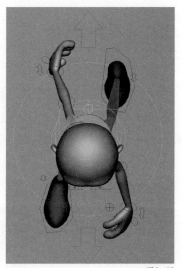

图2-48

第24帧的关键帧姿势与第1帧一样，只需要选择第1帧的关键帧动画，复制粘贴到第24帧即可。

知识点 3　重心偏移

人物在行走时为了保持身体的平衡，身体的重心会随着左右腿的变化发生偏移，比如左腿着地时身体重心会向左腿方向偏移，右腿着地时身体重心会向右腿方向偏移。

模拟重心偏移的效果，需要选择腰部的控制器，在第6帧时使腰部向左移动，在第18帧时使腰部向右移动。这两次关键帧移动的幅度一致，但方向相反，如图2-49所示。

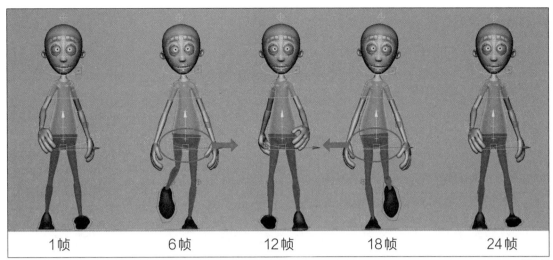

| 1帧 | 6帧 | 12帧 | 18帧 | 24帧 |

图2-49

重心偏移时为了保持身体平衡，肩部和臀部也会发生弯曲的变化。比如左腿着地、右腿提起时，胯部会呈现右高左低的效果，肩部与之相反；右腿着地左腿提起的时候，胯部会呈现左高右低的效果，肩部与之相反。具体如图2-50所示。

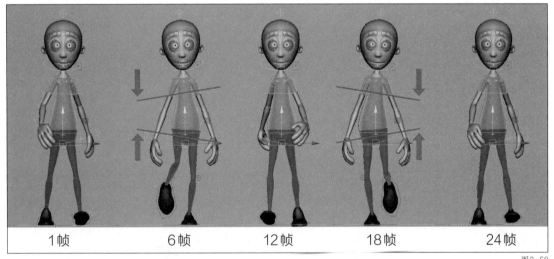

| 1帧 | 6帧 | 12帧 | 18帧 | 24帧 |

图2-50

知识点4 腿部与身体其他部位的关系

腿部的伸展会带动上身的起伏。比如双腿互换时，左右腿呈弯曲状，身体重心最低；迈开步子时，一条腿伸展开，身体的重心最高；在行走的过程中，身体重心是呈起伏状的。

模拟身体重心的起伏，需要选择胯部的控制器。在第9帧和第21帧处使胯部向上移动；在第3帧和第15帧处使胯部向下移动，上下移动的幅度相同，方向相反。具体如图2-51所示。

腿部的伸展与弯曲也会影响腹部与胸部的收缩变化。比如双腿弯曲时，身体重心下移，胸部会向前挺起，腹部会微微向内收缩；某条腿伸直时，胸部微微向内收缩，腹部会向前挺起。胸部与腹部的变化本质上是脊椎为了保持平衡而发生的弯曲变化。

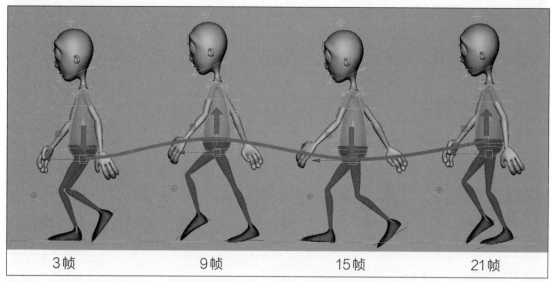

图2-51

　　为了实现腹部与胸部的收缩变化效果，在第3帧和第15帧时，腰部的控制器要向上旋转，胸部的控制器要向下旋转；在第9帧和第21帧时，腰部的控制器要向下旋转，胸部的控制器要向上旋转。具体如图2-52所示。

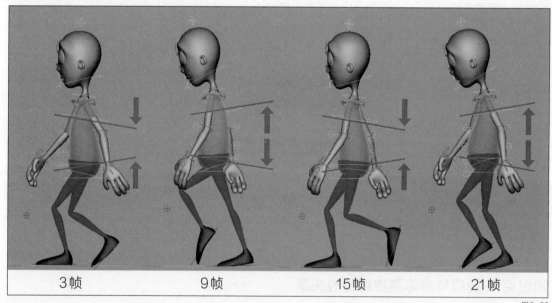

图2-52

知识点5 优化手臂与脚

　　行走时着地的脚要始终保持与地面平行，在第3帧至第9帧时要旋转左脚的控制器，使脚底保持与地面平行，同时也需要适当调节高度，避免脚底穿帮至地面以下。在脚即将离地的时候，依然要保持脚尖触地。右脚调节的方法与左脚一致。最终效果如图2-53所示。

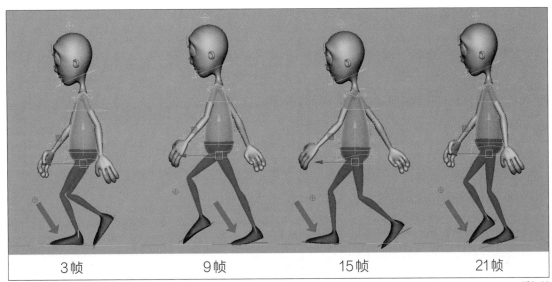

| 3帧 | 9帧 | 15帧 | 21帧 |

图2-53

　　手臂在行走时运动幅度也非常大。手臂除了运动方向与腿部相反以外，由于自身的结构特点，运动时还有很多细节变化。

　　手臂的结构可以分为3段：大臂、小臂、手。连接大臂的关节为肩关节，可以做360°旋转。连接大臂与小臂的关节为肘关节，只能做小于180°的旋转，但可以做水平和垂直两个方向上的旋转。手腕的关节相对灵活，可以做180°的旋转。

　　当手臂在身后最高点位置时，大臂和小臂形成直线，手腕微微向后弯曲，如图2-54所示。

　　手臂由后方向前摆至侧面位置时，大臂和小臂形成直线，手腕微微向后弯曲，手掌微微收紧，如图2-55所示。

　　手臂由后方向前摆至正前方位置时，手臂微微弯曲，手腕向前弯曲，手指微微卷曲，如图2-56所示。

　　手臂由前方向后摆至侧面位置时，手臂微微弯曲，手腕向前弯曲，手掌松弛，如图2-57所示。

　　当手臂再次回到身后最高点位置时，大臂和小臂形成直线，手腕微微向后弯曲，如图2-58所示。

   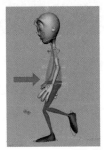 

图2-54　　　　　　　图2-55　　　　　　　图2-56　　　　　　　图2-57　　　　　　　图2-58

知识点 6 头部变化

人物行走时重心的变化会使头部上下移动。为了保持视线的稳定，人物往往会调节头部的位置。比如在身体重心下移时，头部会向上抬；身体重心上移时，头部会向下低。

在本案例中，可以在第3帧和第15帧时，使头部微微向上旋转；在第9帧和第21帧时，使头部微微向下旋转。具体如图2-59所示。

重心变化时，我们制作了胸部与胯部的弯曲变化，而头部也会产生左右晃动的动画。为了保持视线的稳定，需要稍微修正一下头部的位置。我们可以在第6帧时使头部微微向左旋转，在第18帧时使头部微微向右旋转，如图2-60所示。

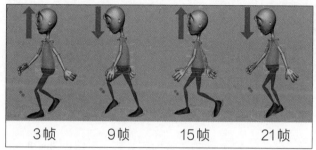

图2-59

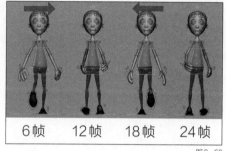

图2-60

知识点 7 整理

正常情况下人物肢体的运动是左右对称的，腿部、手臂等部位运动的幅度与时间间隔应该是相同的，要注意关键帧数据的统一，避免左右不协调的情况出现。

在调节关键帧时，一定要打开曲线图编辑器，确保曲线循环时是连续并且平滑的，如图2-61所示。

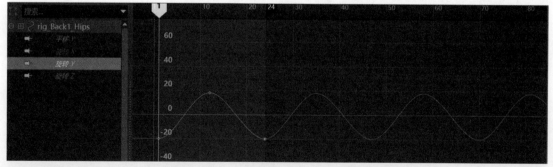

图2-61

以上步骤是以图片的形式标注的关键帧，而真实人物的运动情况往往要细腻且复杂得多，并且不同年龄、不同性格、不同情绪下人物的行走形态各不相同，读者需要在生活中多观察多体会。本案例的最终动画效果如图2-62所示。

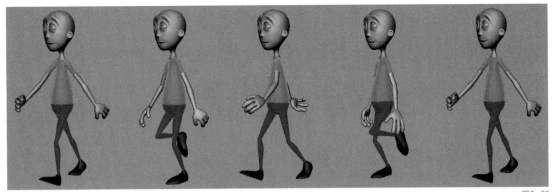

图2-62

总结：本案例讲解的是人物行走的动画。确定关键帧的时间与关键帧的姿势非常重要，它们能决定该人物行走的快慢与神态。K帧时要遵循从大体再到细节的原则，即首先制作出关键帧的位置，再优化中间的过渡帧。运动还有主动与被动之分，即要明确哪个部位是发力的位置，哪个部位是受力的位置。只有遵循运动的基本规律才能制作出生动且合理的动画效果。

本课练习题

填空题

（1）_____叫作帧速率。

（2）_____面板可以将关键帧的参数以曲线的形式表现。

（3）每个时间间隔内的动画效果一致，可以使用_____方式来制作动画。

（4）以下3张图分别代表_____运动、_____运动和_____运动。

参考答案

（1）每秒播放的帧数

（2）动画曲线图编辑器

（3）循环帧动画

（4）匀速　加速　减速

第 **3** 课

绑定模块

绑定是制作三维动画的基础，角色只有设置好绑定系统才能制作成动画。合理的绑定系统为动画艺术家提供了灵活的控制方案，使其可以制作出复杂且细腻的动画效果。Maya拥有功能强大的绑定系统，能够为角色等提供完美的绑定方案。影视作品中的许多经典的角色，都是由Maya制作完成的。

本课将讲解Maya的骨骼、蒙皮、变形器、约束等知识，使读者掌握绑定的常用工具与绑定的基本流程。

本课知识要点

◆ 绑定的基本概念

◆ 编辑骨骼

◆ 蒙皮

◆ 变形器

◆ 约束

◆ 综合案例——卡通汽车

第1节 绑定的基本概念

绑定是制作动画过程中非常重要的一个环节，主要指在三维软件中使用骨骼、约束、控制器、肌肉等技术，通过几个简单的控制器像控制木偶一样操控复杂的模型，使动画艺术家能够灵活调节角色的肢体，进行复杂的动画表演。本节将讲解绑定的相关命令，使读者掌握绑定的操作流程。

知识点 1 绑定

在制作动画时往往要求模型能实现各种形态的变化，但逐帧调节模型上的点非常烦琐且低效。在Maya里可以给模型上的点创建各种控制器，调节控制器的位置就可以改变模型的形态。比如在第2课"动画模块"里制作角色行走的动画，是通过调节各个关节的控制器，来实现关键帧姿势的制作。给模型设置骨骼、约束、蒙皮、肌肉等一整套控制系统的操作称为绑定。

一套合理的绑定系统能够实现高难度的变形效果，比如《哥斯拉大战金刚》中金刚细腻的表情效果，需要设置非常复杂的控制系统才能模拟出来，如图3-1所示。同时，合理的绑定系统还要具有操作简单、控制灵活的特点，要保证动画艺术家能高效地完成动画的制作。

图3-1

知识点 2 绑定的流程

在动画世界里各种元素运动的特点不同，需要设定的绑定方案也不同。运动形式简单的物体，绑定的设置也比较简单，比如弹跳的蓝球，只需要控制移动、压缩、旋转即可，如图3-2所示。运动和结构都比较复杂的角色，绑定也相对比较麻烦，比如写实的熊，既有复杂的肢体动作，还有细腻的表情控制，如图3-3所示。

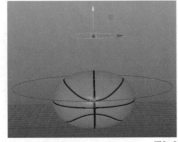

图3-2

图3-3

　　设置一套绑定系统的基本流程为整理模型、创建骨骼、设置控制器、蒙皮、绘制蒙皮权重和设置变形效果。

知识点 3　骨骼

　　在真实世界里，人体的运动是由肌肉带动骨骼来实现的，而骨骼支撑着身体。在三维软件里绑定与人体运动的原理一样，也是骨骼控制身体模型并带动身体模型运动。

　　骨骼本质上是一个控制器，绝大多数模型是通过骨骼进行控制的。设置合理的骨骼系统，才能更灵活地控制模型。

　　在菜单栏中执行"骨架－创建－创建关节"命令，或者单击绑定工具架上的 图标，在视图中连续单击就能创建出骨骼，如图3-4所示。复杂的模型都是通过骨骼控制的。如图3-5所示，画面中猩猩的动画，本质上是骨骼在运动，然后骨骼驱动模型运动。

图3-4

图3-5

知识点 4　控制器

　　调节动画时并不是直接调节骨骼，而是调节约束骨骼的控制器。控制器其实就是一条条形态不同的曲线，这些曲线被制作成不同的形状和颜色，用于表示不同的功能。曲线再通过各种约束控制骨骼。Maya提供了丰富的约束命令，可以实现复杂且高难度的约束效果。在骨骼上添加控制器的目的，是让动画艺术家调节动画时更加方便。

　　图3-6中红、黄、绿色的曲线就是控制器，马运动的动画并不是通过调节骨骼实现的，而是通过调节各个控制器实现的。

图3-6

知识点 5 蒙皮

骨骼设置完毕后，要使骨骼控制模型，就需要执行"蒙皮"命令，使某一段骨骼控制模型上某一部分的点。

图3-7中的骨骼没有设置蒙皮效果，模型是不随骨骼运动的。当选择骨骼并加选模型，在菜单栏中执行"蒙皮-执行蒙皮"命令设置好蒙皮后，骨骼才能驱动模型，如图3-8所示。

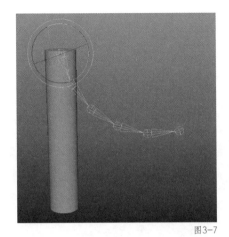
图3-7

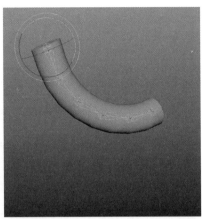
图3-8

知识点 6 绘制蒙皮权重

系统默认的蒙皮效果往往是不合理的，需要精确地设置某一段骨骼控制模型上哪一部分的点。比如若使小腿的骨骼只控制小腿部分的模型，就需要在模型上绘制小腿骨骼的控制区域，这个绘制的过程就是绘制蒙皮的权重。

选择模型，在菜单栏中执行"蒙皮-权重贴图-绘制蒙皮权重"命令，在"影响物"栏里选择对应的骨骼，在模型上绘制黑白区域图，白色表示受骨骼控制，黑色表示不受控制，如图3-9所示。

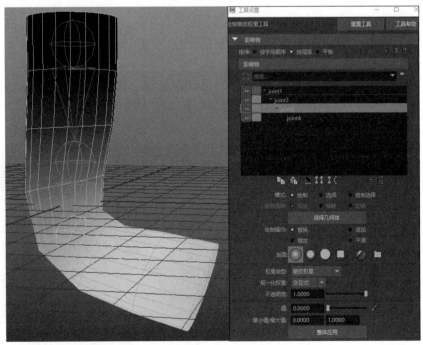
图3-9

知识点 7 变形器

动画中还有一些变形效果是骨骼动画比较难实现的，比如生物角色抖动的肌肉效果。图3-10中猩猩模型的动画是通过肌肉系统驱动的，在运动时能够模拟真实肌肉的扩张与收缩等动态效果。

图3-10

这类复杂的绑定需要肌肉系统、融合变形器、MEL语言等进行控制，这也是绑定最复杂、最有难度的部分。在菜单栏的"变形"命令组里，Maya提供了丰富的变形工具，能够实现复杂的控制效果。

第2节 编辑骨骼

骨骼是常用的控制器，本节将讲解骨骼的创建、显示、快速绑定等知识，使读者掌握骨骼的使用方法。

知识点 1 创建骨骼

在菜单栏中执行"骨架-创建-创建关节"命令，或者单击绑定工具架上的 图标，在视图中连续单击就能创建出骨骼。需要注意的是，大部分角色模型是左右对称的，骨骼一般需要在前视图或者侧视图中创建，如图3-11所示。骨骼创建完毕后，在大纲视图中会显示骨骼节点，如图3-12所示。

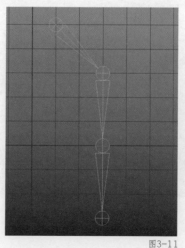

图3-11　　　　　　图3-12

最顶端的骨骼（joint1）为根骨骼，它在旋转时能控制所有的骨骼跟着旋转，如图3-13所示。根骨骼以下的骨骼为子骨骼，其只能控制下一层级的骨骼，如图3-14所示。

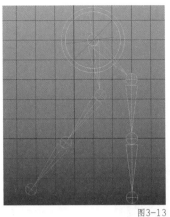

图3-13　　　　　　　　　　　　　　　　图3-14

知识点 2 插入、复制、镜像骨骼

在"绑定"菜单栏里执行"骨架-插入关节"命令，然后在已有的骨骼上单击并拖曳鼠标，就能添加新骨骼，如图3-15所示。选择某一段骨骼，按住Shift键的同时移动骨骼，就能复制出新的骨骼，如图3-16所示。

镜像骨骼是比较常用的命令，因为大部分角色的骨骼是左右对称

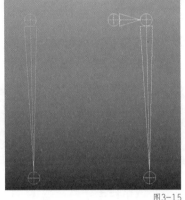

图3-15　　　　　　　　　　　　　　　　图3-16

的。选择需要镜像的骨骼，在菜单栏中执行"骨架-插入关节"命令，就可以镜像出新的骨骼，如图3-17所示。注意，在镜像时要选择合适的镜像方向，默认为"XY"，有时需要更改为"YZ"或"XZ"，如图3-18所示。

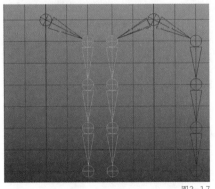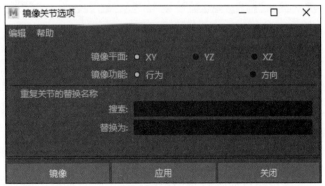

图3-17　　　　　　　　　　　　　　　　图3-18

知识点 3 连接、断开、移除骨骼

选择需要连接的骨骼，再加选被连接的骨骼，按P键（父子约束快捷键）即可实现骨骼连接。或在菜单栏中执行"骨架-连接关节"命令，就能实现骨骼之间的连接，如图3-19所示。注意，在使用该命令时，需要将属性选择为"将关节设为父子关系"，如图3-20所示。

图3-19

图3-20

选择需要断开的骨骼，在菜单栏中执行"骨架-断开关节"命令就能断开骨骼之间的连接，如图3-21所示。

图3-21

选择需要移除的骨骼，在菜单栏中执行"骨架-移除关节"命令就能删除所选择的骨骼，但其他子骨骼保持连接状态，如图3-22所示。

图3-22

知识点 4 骨骼显示

骨骼被创建在模型内部时会被遮挡，这样不便于编辑，如图3-23所示。在视图窗口执行"着色-X射线显示"命令，模型会变成半透明状态，如图3-24所示，这种显示方式便于观察编辑骨骼。

生物的骨骼旋转轴向都是固定的，骨骼之间的轴向需要保持统一。想知道骨骼的轴向可以在菜单栏中执行"显示-变换显示-局部旋转轴"命令，就能看到骨骼的各个轴向，如图3-25所示。如果需要修改骨骼的轴向可以在菜单

图3-23　　　　图3-24

栏中执行"骨架–确定关节方向"命令，在对话框中选择需要的轴向，如图3-26所示。

骨骼显示的大小可以通过在菜单栏中执行"显示–动画–关节大小"命令设置，比如将关节大小分别设置为1和5，效果如图3-27所示。

图3-25　　　　　　　　　　　　　图3-26　　　　　　　　　　　图3-27

知识点5　IK/FK骨骼

骨骼的运动控制可以采用两种方式：正向运动学（Forward Kinematics，FK）和反向运动学（Inverse Kinematics，IK）。

因为骨骼系统带有父子层级关系，所以父关节的转动会带动子关节转动。如果直接使用骨骼系统制作动画，需要从上层关节开始向下层关节逐级设置关键帧，这种方式被称为正向运动学，缩写为FK，如图3-28所示。骨骼的主要运动方式是转动，除非有特殊要求，制作动画过程中不会移动或缩放骨骼。采用FK方式设置动画通常会得到一系列的圆弧运动，如人在行走或跑动过程中手划过的轨迹。

有些情况下使用FK方式制作动画会非常困难，例如拳击运动中的直拳或者攀岩运动，前者要求角色的手沿一条直线运动，后者要将手固定在一个点上。由于躯干的运动会带动手臂运动，因此要在活动父关节的情况下固定肢体末端的运动轨迹是很困难的。解决这个问题的最好方法是用肢体末端关节的位置带动其父关节的转动，即反向运动学，缩写为IK，如图3-29所示。FK和IK方式各有其适用范围：FK方式适用于创建圆弧运动；IK方式适用于创建具有目标导向的运动，比如拿东西、固定手与脚等。

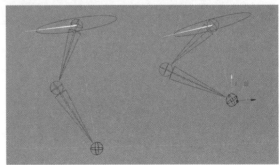

图3-28　　　　　　　　　　　　　　　　图3-29

创建IK骨骼的方法如下。首先创建两根基础的骨骼，然后在工具架上单击  图标，或在菜单栏中执行"骨架-创建IK控制柄"命令，在两根骨骼的首尾处单击，IK骨骼就创建成功了，如图3-30所示。在IK骨骼的属性栏中执行"IK融合"命令可以实现IK方式与FK方式的切换。

图3-30

知识点 6　快速绑定系统

Maya提供了一套快速绑定角色的系统，单击工具架上的 图标，或者在菜单栏中执行"骨架-快速绑定"命令，打开"快速绑定"窗口，如图3-31所示。

在菜单栏中执行"窗口-常规编辑器-内容浏览器"命令，选择系统自带的角色，如图3-32所示。

图3-31

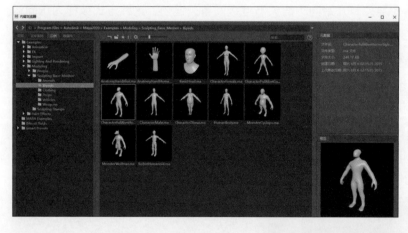

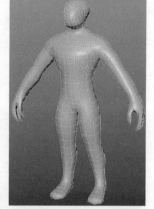

图3-32

选择模型，单击"快速绑定"窗口中的 按钮，将模型加载到系统中，然后单击"自动绑定"，经过一段时间的运算，模型会自动添加骨骼、控制器、蒙皮，如图3-33所示。

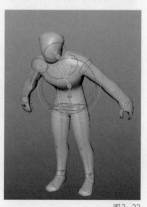

图3-33

知识点 7 自定义快速绑定系统

打开本课的模型素材"chimpanzee1obj"，如图3-34所示。自定义模型的骨骼系统时，需要选中"快速绑定"窗口中的"分步"按钮。选择模型，单击"快速绑定"窗口中的 ➕ 按钮，将模型加载到系统中，如图3-35所示。

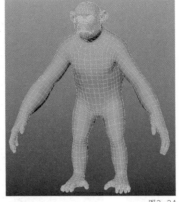

图3-34

图3-35

选择模型，单击"几何体"栏中的 ➕ 按钮读取模型。单击"导向"中的"创建/更新"按钮，为模型设置关节点，如图3-36所示。系统会自动分布躯干、肘关节、膝盖等部位的关节点。但是有些关节点并不正确，比如颈部、肘关节、膝盖等，需要手动移动至合适位置，如图3-37所示。然后单击"骨架和绑定生成"栏中的"创建/更新"按钮创建骨骼与控制器，如图3-38所示。

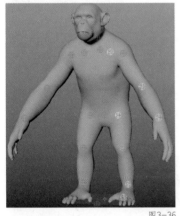

图3-36

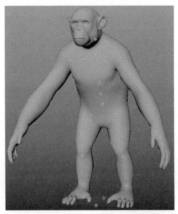

图3-37

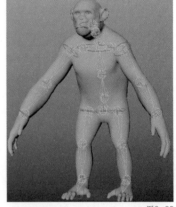

图3-38

最后单击"蒙皮"栏中的"创建/更新"按钮，将模型与骨骼蒙皮。此时模型就可以与骨骼一起移动了，如图3-39所示。自动蒙皮中也存在权重分配不合理的地方，如图3-40所示，肩部的运动是错误的，需要选择模型，在菜单栏中执行"蒙皮-权重贴图-绘制蒙皮权重"命令优化骨骼的权重，如图3-41所示。

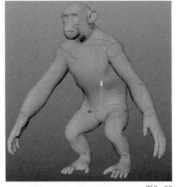

图3-39

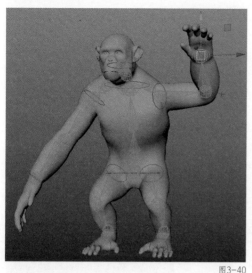

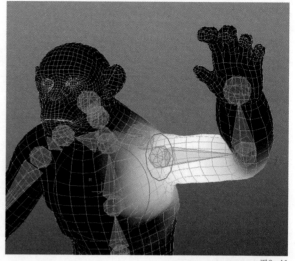

图3-40

图3-41

知识点 8 HumanIK

HumanIK系统可以理解为快速绑定系统的升级版，在HumanIK系统里可以自定义人物角色的骨骼，还可以导入和匹配动捕数据。单击Maya界面右上角的 按钮，或在菜单栏中执行"骨架-HumanIK系统"命令可以打开HumanIK系统，如图3-42所示。

图3-42

执行"创建骨架"命令，在视图中心会自动创建出一套人物骨骼，如图3-43所示。HumanIK面板会激活骨架定义面板。HumanIK最大的特点就是可以定义骨骼比例、各个关节的数量等，如图3-44所示。这些参数比较直观，可根据需要自行设置。

设置完基础的骨骼参数后，接下来需要将骨骼放置到模型的相应处并与模型的关节对齐，如图3-45所示。先选中左边的骨骼，然后单击HumanIK面板中的 按钮实现左右对称的效果，如图3-46所示。

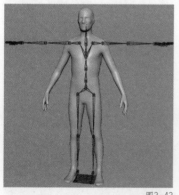

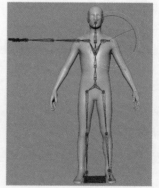

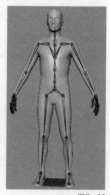

图3-43　　　　　图3-44　　　　　　　　图3-45　　　　　图3-46

此时完成了骨骼的搭建，然后选择骨骼，再加选模型，在菜单栏中执行"蒙皮-执行蒙皮"命令，使骨骼可以控制模型。至于部分骨骼权重不合理的地方，需要选择模型，执行"蒙皮-权重贴图-绘制蒙皮权重"命令优化权重。

权重优化完毕后，在HumanIK面板中单击，将"角色"属性切换至当前骨骼系统，再单击"创建控制绑定" 按钮，为当前骨骼创建控制器，如图3-47所示。此时角色的骨骼就完成了控制器的制作，移动控制器角色就能移动了，如图3-48所示。

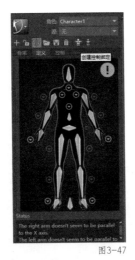

图3-47

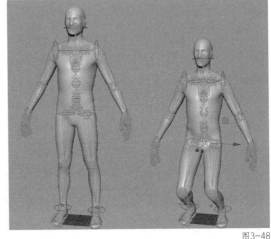

图3-48

第3节 蒙皮

骨骼控制模型需要执行"蒙皮"命令，本节将讲解编辑蒙皮的常用命令，使读者掌握编辑蒙皮的技巧。

知识点 1 绑定蒙皮

骨骼设定完毕后，选择骨骼，再加选模型，在"绑定"菜单栏中执行"蒙皮－绑定蒙皮"命令或单击绑定工具架上的 图标。此时旋转骨骼，模型将受到骨骼的控制，如图3-49所示。

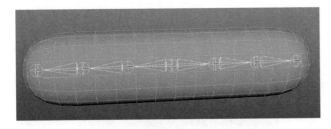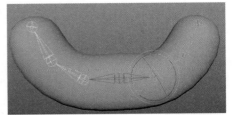

图3-49

知识点 2 绘制蒙皮权重

执行"绑定蒙皮"命令后，骨骼影响的范围有时是不合理的。如图3-50所示，画面中左边的骨骼会影响到右边模型上的点，这是不正确的。这时需要通过绘制蒙皮权重工具，优化骨骼的控制区域。

选择模型，在菜单栏中执行"蒙皮－绘制蒙皮权重工具"命令，此时模型显示为黑色。绘制蒙皮权重的窗口如图3-51所示。

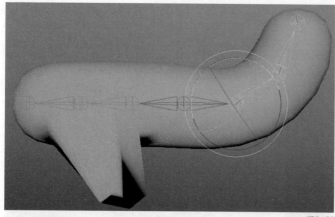

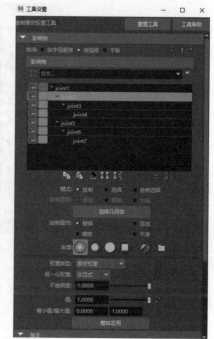

图3-50

图3-51

　　"影响物"属性栏中罗列的是模型上的所有骨骼，在大纲里可以选择需要修改的骨骼。

　　按B键可以调节笔刷半径的大小。"值"为1时在模型上能够绘制白色，代表当前骨骼控制该区域；"值"为0时可以绘制出黑色，代表骨骼不控制该区域。

　　"不透明度"可以定义笔刷的强度，该值越小，绘制的颜色越不明显。

　　"绘制操作"非常重要，笔刷在绘制时首先要确定绘制的效果。"替换"表示将当前权重值替换成"值"中的数据，即绘制白色就是白色，黑色就是黑色。"添加"表示在原有颜色上叠加新绘制的颜色，即越涂白色就越白，越涂黑色就越黑。"缩放"表示在原有颜色上乘以"值"中的数据。"平滑"可使颜色变模糊。

　　"剖面"表示笔刷的类型，越往左，笔刷越柔和。

　　比如选择右边的第二根骨骼，将"值"设置为0，并将左边的白色区域绘制为黑色，表示该区域不受左右骨骼影响，最终效果如图3-52所示。

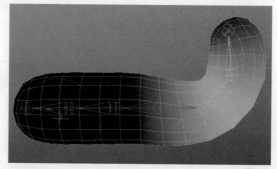

图3-52

注意　绘制权重时，需要同时检查其他骨骼的权重，有时绘制好第一根骨骼的权重，但是第二根骨骼的权重又不正确，需要反复检查直至合理状态。

知识点 3 平滑蒙皮

关节在运动时，肌肉与皮肤是平滑过渡的。如果骨骼之间过渡不够平滑，就会造成形体的拉伸错误，如图3-53所示。用户可以选择拉伸比较严重的区域的点，在菜单栏中执行"蒙皮-平滑蒙皮权重"命令，可以平滑这一区域的点，优化权重的分布，如图3-54所示。

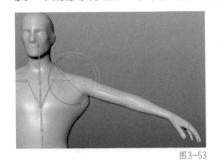

图3-53

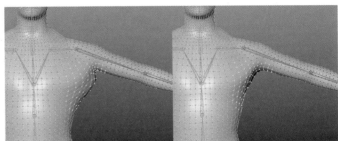

图3-54

知识点 4 镜像蒙皮

生物角色大多数是左右对称的，使用"镜像蒙皮权重"命令可以快速完成另一半的蒙皮效果。选择模型，在菜单栏中执行"蒙皮-镜像蒙皮权重"命令，在打开的"镜像蒙皮权重选项"窗口里选择需要的镜像方向，单击"应用"。此时左右两边的骨骼权重就保持一致了，如图3-55所示。注意，执行镜像蒙皮操作的模型要确保左右对称。

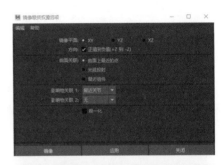

图3-55

知识点 5 复制蒙皮

相似模型的蒙皮，可以通过复制的方式快速得到正确的权重。图3-56中有两个一样的模型，但是它们的骨骼权重不同，在骨骼运动时左边的模型产生了比较大的形变，如图3-57所示。

选择右边的模型，再加选左边的模型，在菜单栏中执行"蒙皮-复制蒙皮权重"命令，左右模型的权重就统一了，形变效果也一样，如图3-58所示。

图3-56

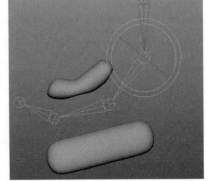

图3-57

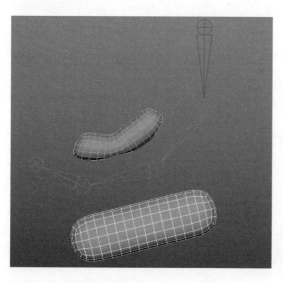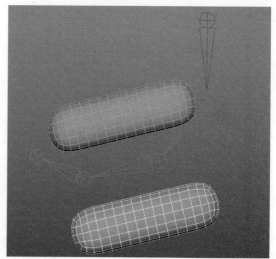

图3-58

第4节 变形器

有些动画的变形使用骨骼是无法实现的，比如膨胀、扭曲、角色的面部表情等。这类效果需要通过变形器来实现。本节将讲解融合变形、簇、曲线扭曲等变形器，使读者掌握变形器的使用方法。

知识点 1 融合变形

融合变形是制作角色表情时常用的变形器，它能够使布线一样但形状不同的模型相互转换。图3-59中有3个布线相同但形状各异的圆柱，分别选择左右模型，加选中间模型，执行"变形-融合变形"命令，中间的圆柱就与两边的圆柱创建了融合关系。在菜单栏中执行"窗口-动画编辑器-形变编辑器"命令，可以打开该模型"形变编辑器"窗口，如图3-60所示。

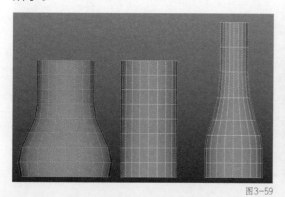

图3-59

图3-60

将"形变编辑器"中两个模型对应的权重值从1调整至0，就可以完成模型之间形态的转换，比如将【pCylinder2】和【pCylinder3】分别由0调至1，效果如图3-61所示。

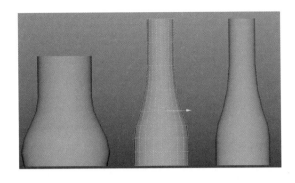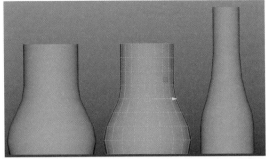

图3-61

使用融合变形控制人物表情时，首先将模型调节出多个表情模型，然后使用融合变形的方式将多个表情模型融合在一个模型上，如图3-62所示。

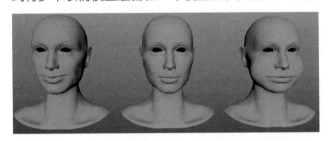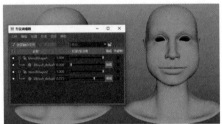

图3-62

在"形变编辑器"中还可以通过添加目标的方式为模型添加变形效果。如图3-63所示，场景中有一个球体模型，选择该模型，单击"创建融合变形"，再单击"添加目标"，在"形变编辑器"中会出现球体的"pSphere2"权重属性，并且该属性后面的"编辑"为红色激活状态，如图3-64所示。移动球体上的点将其调节成任意形状，并在"pSphere2"属性上单击鼠标右键，执行快捷菜单中的"创建关键帧"命令，此时调整"pSphere2"权重值就能完成变形前与变形后的切换，如图3-65所示。

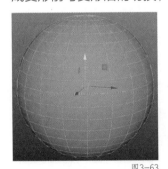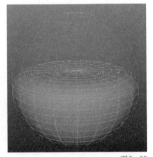

图3-63   图3-64   图3-65

使用添加目标的方式创建融合变形，可以在原模式上直接进行编辑。制作角色表情时，先单击"创建融合变形"，制作出关键口型的样式；再单击"添加目标"，制作面部细节的变化。

知识点 2 簇变形器

簇变形器可以将模型上的一部分点创建为一个选择集，用于制作角色表情等其他形变动画。首先选择一部分点，在菜单栏中执行"变形-簇"命令，在选择点的中心区域会产生一个"C"图标，移动该图标就能移动簇变形器控制的点，如图3-66所示。

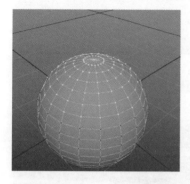

图3-66

选择模型，在菜单栏中执行"变形-绘制权重-簇"命令，可以像绘制骨骼权重一样，优化簇的权重大小，如图3-67所示。

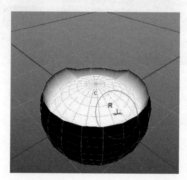
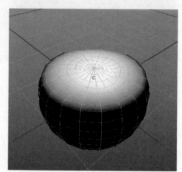

图3-67

知识点 3 曲线扭曲变形器

曲线扭曲变形器可以控制模型沿着曲线变形和运动。首先选择模型，再加选曲线，执行"变形-曲线扭曲"命令，文字会自动排列到曲线上，如图3-68所示。选择曲线扭曲变形器，在属性栏里调节"偏移"可以控制模型沿着曲线运动，如图3-69所示。

图3-68

图3-69

知识点 4 Delta Mush 变形器

Delta Mush变形器的功能与平滑骨骼权重相似，在骨骼变形时能够让模型表面更平滑。图3-70中的左图是未执行"Delta Mush"命令的效果，右图是执行后的效果。

Delta Mush变形器在制作生物绑定时，对优化关节的权重是非常有用的，是常用的变形工具。

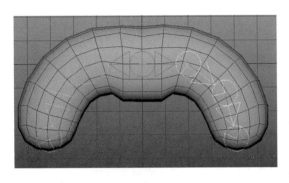 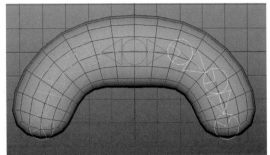

图3-70

知识点5 张力变形器

张力变形器可以增加模型上点之间的抗拉伸力，使模型在受到挤压时能够保持一定的形态，如图3-71所示。制作角色绑定时，给身体的躯干等区域添加张力，可以避免模型被挤压变形，造成穿帮。

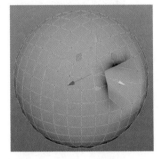 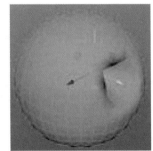

图3-71

知识点6 晶格变形器

晶格变形器可以通过方形立体框架结构的点阵来改变物体的形状。晶格是一个立体结构的点阵，可以对所有的可变形物体进行自由变形。在创建变形效果时，用户可以通过移动、旋转、缩放整个晶格结构，或直接对晶格点进行操作，对模型实施变形，如图3-72所示。晶格变形器由两部分构成：变形晶格和基础晶格。一般情况下，除非特别说明，"晶格"指的是变形晶格。系统通过对比基础晶格和变形晶格的形状差别，确定变形对象的变形效果。

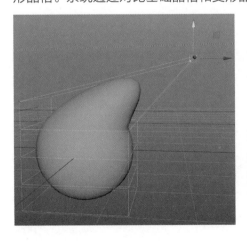  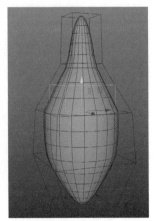

图3-72

知识点 7 包裹变形器

包裹变形器可以使被包裹的物体随着包裹物体进行移动和变形，比如拉链会随着衣服的起伏而运动等，是比较常用的变形器。如图3-73所示，场景中有一块飘荡的布料，文字"MAYA2020"是未做绑定的模型，此时模型并不随着

图3-73　　　　　　图3-74

布料运动。选择文字模型，再加选布料模型，在菜单栏中执行"变形-包裹"命令，此时文字就能够与布料同时运动，如图3-74所示。

知识点 8 收缩包裹变形器

收缩包裹变形器与包裹变形器的功能类似，都是一个模型驱动另一个模型，但是收缩包裹变形器并不是控制模型的位移，而是让模型往内部收缩，如图3-75所示。

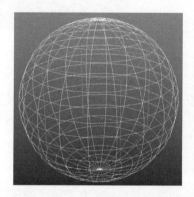 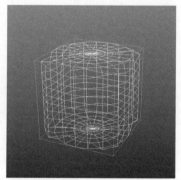

图3-75

知识点 9 线条变形器

线条变形器用一条或多条曲线控制物体变形。使用该变形器时，需要在菜单栏中执行"变形-线条"命令，然后选择需要变形的模型并按Enter键，接着再单击曲线并按Enter键，如图3-76所示。

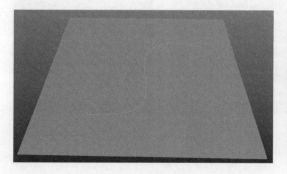 

图3-76

知识点 10 褶皱变形器

褶皱变形器可以模拟细微的褶皱效果。如图3-77所示，选择曲面模型，在菜单栏中执行"褶皱"命令，模型中心位置会出现"C"图标，移动该图标可以观察到褶皱效果，如图3-78所示。

图3-77

图3-78

在"褶皱设置"属性栏里，可以设置褶皱的纹理方向与细节，比如将"类型"分别设置为"切向"和"自定义"，如图3-79所示。

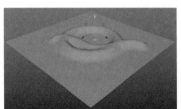

图3-79

知识点 11 非线性变形器

Maya提供了6种非线性变形器，如图3-80所示。

弯曲变形器可以将一个对象按圆弧均匀弯曲。模型添加弯曲变形器后，调节通道盒中的"弯曲"值，可以实现模型的弯曲效果，如图3-81所示。

扩张变形器可以对变形对象指定轴向的两端进行不等比缩放。模型添加扩张变形器后，调节通道盒的曲线、扩张等属性，可以实现模型的缩放效果，如图3-82所示。

图3-80

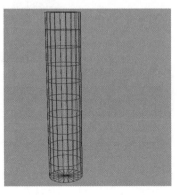

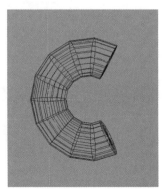

图3-81

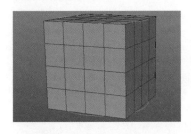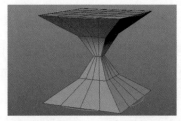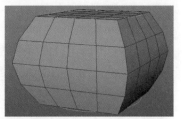

图3-82

　　正弦变形器可以使变形对象产生类似正弦曲线的变形效果。模型添加正弦变形器后，调节通道盒中的振幅"波长"等，可以实现模型的起伏变化，如图3-83所示。

图3-83

　　挤压变形器可挤压或拉伸对象。模型添加挤压变形器后，调节通道盒中的"因子"等，可以实现模型的挤压变化，如图3-84所示。

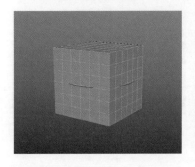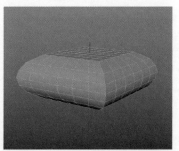

图3-84

　　扭曲变形器可扭曲对象的形状。模型添加扭曲变形器后，调节通道盒中的"开始角度""结束角度"等，可以实现模型的扭曲变化，如图3-85所示。

　　波浪变形器可使变形对象产生环形波纹，从一个截面上看与正弦变形器的结果是一样的，但波浪是沿环形变形，如图3-86所示。

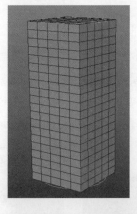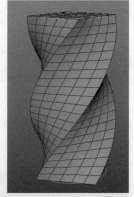

图3-85

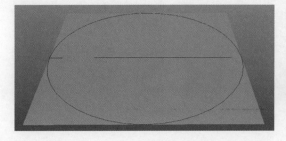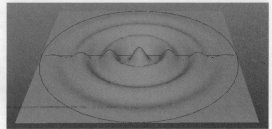

图3-86

知识点 12 变形器通用修改操作

编辑变形对象成员。编辑成员身份工具（Edit Membership Tool）和编辑成员身份工具（Set Membership Tool）是变形器通用的两个工具，用来给变形器添加或移除成员。只有在变形器下才可以修改权重影响、影响范围等属性。

权重绘笔工具。混合变形（BlendShape）、簇（Cluster）和线（Wire）变形都可以采用绘笔工具修改变形权重。以上绘笔的用法基本相同，而簇和线变形的权重绘笔工具虽然对应不同的菜单命令，但其实是同一个工具。

删除变形器。直接删除变形器后，变形对象上的相应变形会全部丢失，不会保留下来，因此消除变形最快捷的方法就是直接删除变形器。

删除变形对象的构造历史。在使用不同的变形器改变变形对象的外形后，我们可能希望永久地保留这种变形，同时删除变形器。此时只要删除变形对象的构造历史就可以了，不能直接删除变形器。

第5节 约束

约束是指一个物体控制另一个物体的位移、旋转和缩放等属性。绑定时使用控制器约束骨骼的旋转等效果就需要使用约束的各种命令。本节将讲解常用约束的使用方法。

知识点 1 父子约束

父子约束可以使约束对象像目标体的子物体一样跟随目标体运动。它们会保持当前的相对空间方位，包括位置与方向。父子约束也可以使约束对象受多个目标体的均衡控制。在使用父子约束时，约束对象不会变成目标体层级结构中的一部分，但它却会像目标体的子物体一样受其控制。

如图3-87所示，在画面中选择圆球模型，再加选立方体模型，在菜单栏中执行"约束-父子约束"命令，此时立方体模型就成为圆球模型的子物体，移动或旋转圆球，立方体跟随着一起运动，如图3-88所示。

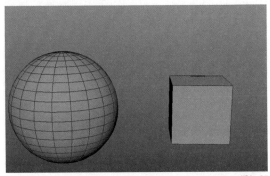
图3-87

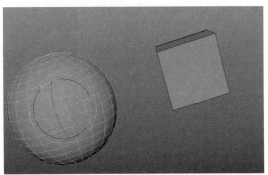
图3-88

知识点 2 点约束

　　使用点约束，可以控制一个物体的位置跟随一个或多个物体的位置而变化，比如汽车上运载的货物，货物的模型必须跟随汽车一起移动。

　　如图3-89所示，画面中有一个球体和一个定位器，选择定位器，再加选球体，在菜单栏中执行"约束-点约束"命令，移动定位器，小球可以跟随定位器移动，如图3-90所示。

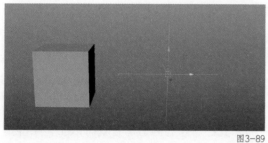
图3-89

图3-90

知识点 3 方向约束

　　方向约束是让一个或多个物体的方向控制一个约束对象的方向变化，此约束不影响物体的位置或缩放，仅影响它的方向。

　　如图3-91所示，选择右边的模型，令其方向约束左边的模型。旋转右边的模型时，左边的模型也同步旋转，如图3-92所示。

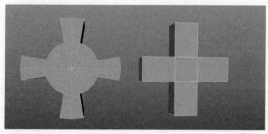
图3-91

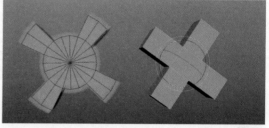
图3-92

知识点 4 比例约束

　　比例约束可以控制一个物体跟随一个或多个物体的比例而变化。此约束不影响物体的位置或方向，仅影响它的比例变化，如图3-93所示。比例约束的方法与上述约束一致。

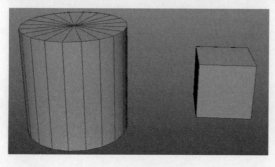

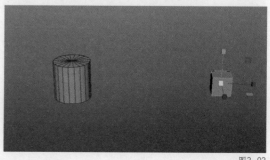
图3-93

知识点 5 目标约束

目标约束是用一个物体的位置控制另一个物体的方向。控制方式为约束对象的一个轴指向目标体，就像在"看"它，摄影机对准拍摄对象就是一个典型的应用目标约束的例子。制作水管向一个目标喷水，或者子弹向一个目标射击的动画都需要目标约束。

图3-94中有一个圆锥体和一个定位器，选择定位器，再加选圆锥体，在菜单栏中执行"约束 – 点约束"命令，移动定位器，圆锥体一直指向定位器并随着移动，如图3-95所示。

图3-94　　　　　　　　　　　　　　　　　　　　　　　　　　　　图3-95

> **注意** 设置目标约束时，需要根据模型的情况选择合适的指向目标轴。

知识点 6 极向量约束

极向量约束与目标约束类似，在制作IK骨骼时，极向量可以控制中间骨骼的偏移方向，如图3-96所示。

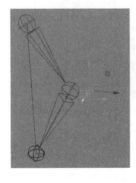

图3-96

知识点 7 路径动画

路径动画可以将模型约束在一条曲线上运动，可用于模拟沿着轨道前行的火车，或者沿着轨迹飞行的导弹等动画，如图3-97所示。制作路径动画时，首先选择模型，再选择曲线，在菜单栏中执行"约束 – 路径动画"命令，通过通道盒的"前方向扭曲""上方向扭曲""侧方向扭曲"可以控制模型前行时的方向，如图3-98所示。

图3-97　　　　　　　　　　　　　　　　　　　　　　　　　　　　图3-98

注意 默认路径动画的时长与当前时间线滑块时长是统一的，如果需要重新定义路径动画的时长，则需要打开路径动画的属性面板，选择"自定义起始时间"。

第6节 综合案例——卡通汽车

本节将通过"卡通汽车"绑定案例的讲解，使读者掌握绑定的基本流程与绑定工具的使用方法。

知识点 1 案例分析

绑定并没有完全统一的标准，需要根据动画效果的要求，设置合理的绑定方案。绑定的设置既要满足各种变形的要求，又要满足灵活好用的原则。

本案例为一个卡通汽车模型，需要实现车轮在前行与后退时的旋转效果、汽车转弯时前轮改变方向的效果和路面颠簸时车轮的起伏效果，如图3-99所示。

图3-99

还需要实现车门的开启与关闭效果，如图3-100所示。

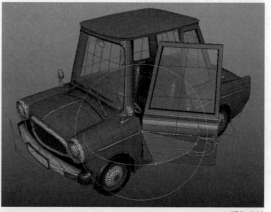

图3-100

刮水器（又称雨刷器）能实现左右摇摆，并且中间部分还能实现水平与垂直的旋转效果，如图3-101所示。

图3-101

车身需要实现左右、前后晃动的效果，如图3-102所示。

图3-102

卡通汽车还有比较夸张的挤压与拉伸的效果，如图3-103所示。

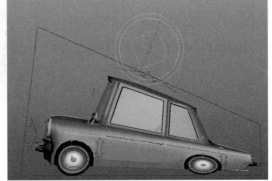

图3-103

实现不同的效果需要使用不同的绑定方案，绑定器之间不能相互影响。局部控制器要服从整体控制器。

知识点 2 整理模型

整理模型是第一步。模型绑定后一般不能再进行编辑和修改，所以用于绑定的模型要清除历史，整理好UV、坐标轴和规范命名等。

比如，当前汽车轮子需要单独绑定，要确保这几个模型为独立的多边形。车门上的玻璃、把手是需要与车门同时开启和关闭的，需要将它们编到一个组内。车身需要单独控制左右摇晃的效果，车身和车门需要合并为一个大组。

知识点 3 车轮绑定

车轮有3个效果需要表现：前行与后退时的旋转效果、汽车转弯时前轮方向的控制、起伏路面时车轮的上下运动。

■ 步骤1 旋转控制

创建曲线并将其调节成十字形，如图3-104所示。将曲线对齐至每个车轮的外侧，如图3-105所示。为了便于识别曲线控制器，可以将曲线按照对应的车轮进行命名，比如，左边前轮的曲线命名为"wheel_rota_left_front"，左边后轮的曲线命名为"wheel_rota_left_back"，其他曲线以此类推。曲线摆放好以后要执行"删除历史""冻结轴向""坐标清零"等命令。

图3-104　　　　　　　　　　　　　　图3-105

选择曲线，再加选车轮，在菜单栏中执行"约束-方向约束"命令，在"方向约束"中的"旋转"属性中勾选"X轴向"，旋转曲线时车轮也会一起旋转，如图3-106所示。

图3-106

注意　车轮前行时只沿着一个轴向旋转，因此"方向约束"只需要约束X轴即可。

■ 步骤2 转弯控制

将前轮和旋转的曲线控制器一起编组，命名为"A_group"，如图3-107所示。（编组的目的是让旋转的控制器在车轮转弯时也能与车轮保持平行。）

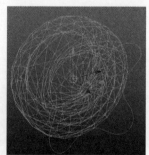

图3-107

创建控制车轮偏转的曲线，如图3-108所示。这类特殊形状的曲线，可以通过Photoshop导出路径，再在菜单栏中执行"创建-Adobe(R)Illustrator(R)对象选项"命令读取路径来创建。将曲线放置在车头正前方，如图3-109所示。将曲线命名为"wheel_rota"，再对曲线执行"删除历史""冻结轴向""坐标清零"等命令。

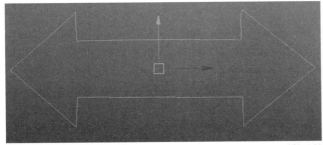

图3-108

图3-109

前轮转向是通过"驱动关键帧"技术实现的。首先选择车轮的组"A_group"，然后选择旋转属性中的Y轴，在通道盒中执行"编辑－设置受驱动关键帧"命令，如图3-110所示。

打开"设置受驱动关键帧"对话框，选择"wheel_rota"曲线，单击"加载驱动者"。在"驱动者"栏选择"平移Z"，在"受驱动"栏中选择"旋转Y"，如图3-111所示。

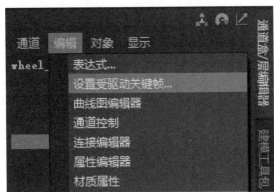

图3-110

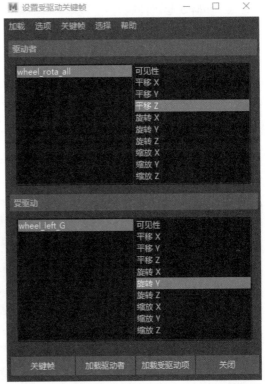

图3-111

将"wheel_rota"曲线向左移动6个单位的同时，也将车轮的组"A_group"向左旋转60°，再单击关键帧。将"wheel_rota"曲线向右移动6个单位的同时，也将车轮的组"A_group"向右旋转60°，再单击关键帧。此时"wheel_rota"曲线就可以驱动左轮的转向，如图3-112所示。

图3-112

右轮的驱动方法与左轮一样。最终效果为"wheel_rota"曲线向左移动时前轮同时向左旋转，"wheel_rota"曲线向右移动时前轮同时向右旋转，如图3-113所示。

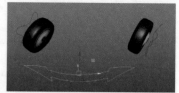

图3-113

■ **步骤3 起伏控制**

汽车前行时，由于路面凹凸不平和汽车减震系统的作用，车轮需要实现上下移动的控制效果。首先创建4条曲线，并将曲线放置在每个车轮一侧，为曲线命名。比如将左前轮的曲线命名为"wheel_left_front_up_down"，对曲线执行"删除历史""冻结轴向""坐标清零"等命令。

选择"wheel_left_front_up_down"曲线，再加选车轮的组"A_group"，如图3-114所示。在菜单栏中执行"约束-点约束"命令，由于车轮是垂直上下移动的，在"约束轴"里只需选择Y轴即可，如图3-115所示。

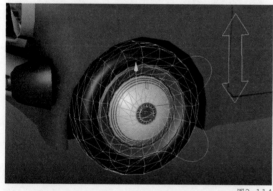

图3-114

图3-115

上下移动"wheel_left_front_up_down"曲线时，车轮也能实现同步上下移动，如图3-116所示。剩余车轮设置控制器的方法与以上步骤一致。最终效果如图3-117所示。

图3-116

图3-117

知识点 4 车门绑定

选择车门并将轴移动至车门与车身的连接轴处，如图3-118所示。创建控制车门的曲线，并将其移动至车门处，如图3-119所示。再将曲线的轴心也移动至车门与车身的连接轴处，如图3-120所示。最后选择曲线，执行"清除历史""冻结坐标"命令。

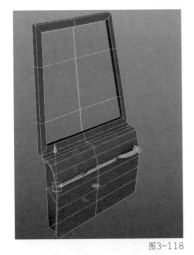

图3-118

图3-119

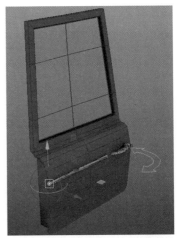

图3-120

选择曲线，再加选门，在菜单栏中执行"约束-方向"命令，在方向约束中选择Y轴约束。最终效果为选择曲线，门也随之打开，如图3-121所示。

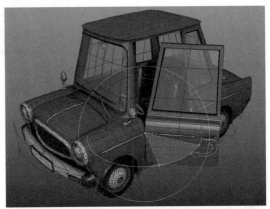

图3-121

知识点5 雨刷器绑定

雨刷器分为两个部分：一部分为支架，另一部分为雨刷。支架与雨刷是联动的，可以通过骨骼约束两个模型。首先创建一段骨骼，并使其与雨刷对齐，如图3-122所示。

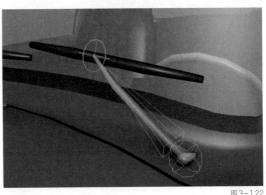

图3-122

支架转动的角度是倾斜的，骨骼转动的角度需要与支架转动的角度一致。然后如图3-123所示，选择支架模型，再选择根骨骼，按P键将支架约束到根骨骼。选择雨刷模型，再选择第二个关节，按P键将雨刷约束到第二个关节。

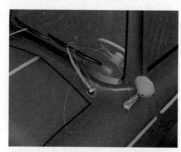
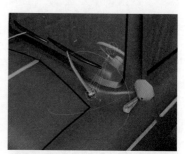

图3-123

创建曲线并使用驱动关键帧技术，驱动两个关节的旋转。比如曲线向左移动时，支架的骨骼旋转呈90°，雨刷的骨骼旋转至垂直状，如图3-124所示。

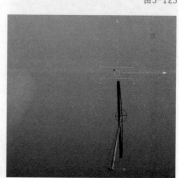

图3-124

另一个雨刷的制作方法与上述一致。左右雨刷运动效果如图3-125所示。

图3-125

知识点 6 车身晃动的绑定

车身晃动时的轴心会发生变化，比如车身左右晃动时轴心以车身为中心，向前晃动时轴心是前轮，向后晃动时轴心是后轮。同一个物体无法设置多个轴心，我们可以通过不同的编组来实现轴心的变化。比如将整个车身编组为A，再将A编入新的组B，然后将B编入新的组C。3个组的关系为C＞B＞A，即B为C的组员，A为B的组员。

A的轴心设置在车身中心位置，如图3-126所示。B的轴心为后轮，如图3-127所示。C的轴心为前轮，如图3-128所示。

图3-126

图3-127

图3-128

　　可以创建曲线作为控制车身晃动的控制器，使用驱动关键帧技术实现车身的控制。曲线向后移动时驱动B的旋转，曲线向前移动时驱动A的旋转，如图3-129所示。曲线向右、左移动时，驱动A的水平旋转，如图3-130所示。

图3-129

图3-130

　　车身上下移动时，可以通过曲线控制器的"点约束"方式约束A的Y轴向，如图3-131所示。

图3-131

知识点7　车身压缩绑定

　　车身压缩的效果是通过晶格变形器实现的。晶格的特点是超出晶格区域的模型不再受晶格的影响。为了保证汽车形态完全展开时也能受到晶格控制，需要将车门打开，如图3-132所示。将所有的模型和控制器编组，将该组命名为D，再给D创建晶格变形器，并将晶格的X、Y、Z轴向段数设置为2，如图3-133所示。

图3-132

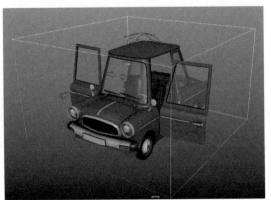

图3-133

　　选择晶格顶部的4个点，在菜单栏中执行"变形-簇"命令，创建簇变形器。再创建一条曲线放置在汽车顶部，将簇使用"点约束"和"方向约束"的方式约束在曲线上，如图3-134所示。

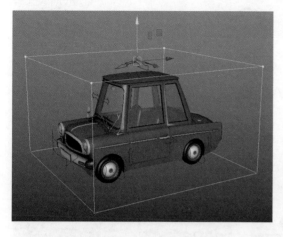

图3-134

　　此时移动和旋转汽车顶部的曲线控制器，就可以实现汽车的压缩与伸展状态，如图3-135所示。

图3-135

知识点 8　控制器优化

■ 步骤1 全局控制器设置

　　通过上述操作完成对车身局部区域的控制后，还需要添加一个控制整体的控制器。将汽车模型与所有控制器编组并将组命名为F，再创建一条曲线，将编组F以"父子约束"的方式约束给曲线。此时移动、旋转、缩放曲线，所有模型也同步运动，如图3-136所示。

图3-136

■ 步骤2 隐藏无用属性

本案例中设置了非常多的控制器，这些控制器属性繁多，为了便于使用，需要将无用的属性锁定并隐藏，只保留该控制器的有效属性。比如车门的控制器只有"旋转Y"属性有用，在通道盒中选择其他属性，单击鼠标右键，执行快捷菜单中的"隐藏并锁定"命令，最终车门的控制器在通道盒中只显示"旋转Y"属性，如图3-137所示。

图3-137

■ 步骤3 设置空活动空间

每一个控制器的活动范围都是有限的，超出范围的数据无效，也不便于使用。将控制器可调节的数值范围限定在有效数值内，是必须进行的重要步骤。比如车门控制器的Y轴旋转范围为-90°~0°，选择控制器，打开属性面板，将"旋转"属性栏的"旋转 限制Y"的最小值设置为-90、最大值设置为0。此时，车门控制器的Y轴旋转至-90°就无法再调节了，如图3-138所示。

图3-138

最终绑定效果如图3-139所示，车门能够打开与关闭，车轮能够前后转动，并且前轮可以左右转向，雨刷器可以左右摇摆，车身可以前后左右晃动，整体车身能够挤压和拉伸。

图3-139

本课练习题

填空题

（1）绑定的基本流程是 _____。

（2）骨骼创建完毕后需要执行 _____命令才能驱动模型。

（3）制作角色表情绑定时，首先需要创建多个表情模型，再通过 _____
技术实现表情融合。

（4）要使一个物体控制另一个物体的旋转，可以通过 _____来实现。

（5）快速实现人物角色的绑定可以使用 _____来完成。

参考答案

（1）整理模型、创建骨骼、设置控制器、蒙皮、绘制蒙皮权重、设置、变形效果

（2）蒙皮

（3）融合变形

（4）方向变形

（5）快速绑定系统、HumanIK系统

第 **4** 课

布料特效

布料特效是电影特效中非常重要的一部分。三维电影或者数字替身中塑造的以假乱真的布料动态，都是通过布料特效来实现的。以Maya为平台制作电影时，角色的布料模拟主要使用Ncloth布料系统和Qualoth布料系统。

本课将讲解Ncloth布料系统和Qualoth布料系统的各个属性，以及角色布料模拟的技巧。通过学习这些知识，读者能够掌握布料特效的制作流程，了解影视级别布料特效的制作方法。

本课知识要点

◆ Ncloth创建布料的基本流程

◆ 布料的基本特征

◆ 解算器的属性

◆ 布料节点属性

◆ 属性贴图

◆ 约束节点

◆ Ncloth案例制作——解算角色舞蹈布料

◆ Qualoth布料系统

◆ Qualoth案例制作——模拟角色布料

第1节 Ncloth创建布料的基本流程

本节将讲解Ncloth布料的创建，Ncloth布料特效的各个节点，布料特效模拟的流程等知识，使读者掌握Ncloth制作布料的流程。

知识点 1 创建布料节点

在FX特效模块，选择模型，在菜单栏中执行"nCloth-创建nCloth"命令，多边形模型就转换成了布料，并且在大纲视图中多出了一个布料节点，如图4-1所示。

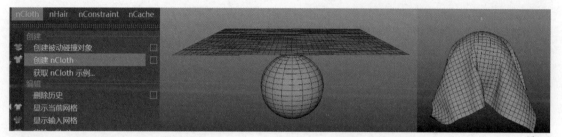

图4-1

> **注意** 多边形模型支持布料特效，Nurbs模型不支持布料特效。

知识点 2 创建约束节点

在Maya中实现布料固定的效果使用的是约束节点，可以实现旗子固定在旗杆上等布料效果。nConstraint菜单栏提供了很多约束节点，这些约束节点可以实现对布料的点、边、面、布料和布料之间的约束控制。例如创建一个平面模型并将其转化为布料，使用"点到曲面"约束，来模拟旗子约束到旗杆的效果。选择旗子模型上的点，再加选旗杆模型，在菜单栏中执行"nConstraint-点到曲面"约束命令，如图4-2所示。

图4-2

> **注意** 执行约束前模型必须已经添加了布料节点，否则执行约束会不成功。

知识点 3 播放预览

设置好模型的布料属性与约束关系后，就可以播放动画并预览布料的动态效果。注意播放时要设置时间线的最大播放速率为24帧/秒（24fps×1），否则预览的节奏不正确，如图4-3所示。

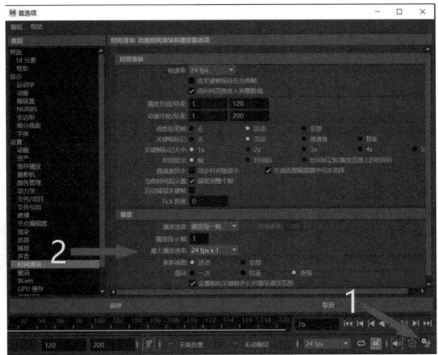

图4-3

Ncloth的布料动态效果是逐帧解算后呈现出来的，这就需要计算机参与运算，而在实际的制作中，场景中的模型量特别多，机器的性能又有差异，可能播放动画的时候很卡、节奏很慢，这时候观察布料的节奏是不准确的。观察布料动态的正确做法是在时间线上单击鼠标右键，在浮云的对话框中选择"播放预览"命令得到的拍屏视频才是最终的动态效果，如图4-4所示。

图4-4

知识点 4 设置被动碰撞对象

将场景中的模型设置为布料后，布料并不会与其他模型产生碰撞，这是因为默认情况下模型并不具备碰撞属性，只有将模型设置碰撞属性后其才能参与布料的碰撞。给模型设置碰撞属性的操作如图4-5所示。

图4-5

选择需要参与碰撞的模型，在菜单栏中执行"nCloth-创建被动碰撞对象"命令，大纲视图中会多出一个碰撞节点，该模型的属性面板内也会多出一个"碰撞"属性栏，播放动画时模型与布料就产生了碰撞效果，如图4-6所示。

图4-6

注意 被动碰撞对象与布料必须同属于一个解算器，否则不会有碰撞效果。

知识点5 布料的节点

一套完整的布料系统的节点包括布料节点、被动碰撞节点、约束节点和解算器，如图4-7所示。4个节点的功能各不相同，共同控制着布料的动画效果。

图4-7

- 布料节点负责一块布料的动态效果，如柔软度、阻力等。
- 被动碰撞节点负责碰撞时的效果，如弹力、摩擦力、黏性等。
- 约束节点负责对布料固定情况的控制，如约束强度、约束距离等。
- 解算器负责整体的动态解算效果，如精度、空间缩放等。

真实可信又具有艺术化效果的布料动画，要靠这些节点的配合才能获得。读者在学习的时候要理解每个节点的功能，这样才能灵活地控制布料的动画效果。

第2节 布料的基本特征

本节将讲解进行布料解算时模型的尺寸、布线、速度等对动画的影响。

知识点1 尺寸与动态的关系

模型的尺寸与布料的动态有着非常大的关系，同样的外观和同样的参数，布料动态却可以完全不同。这是因为Ncloth系统在计算场景中的布料模型时，有一个标准的空间尺寸，模型的比例是对应这个标准空间尺寸进行动态模拟的。例如模型大小为100×100个单位，相当于现实空间的1平方米，这就是一件衣服大小的布料；模型大小为10×10个单位，相当于100平方厘米，也就是一个小手绢的大小。一件衣服与一个小手绢在同样的风力作用下，动态各不相同。打开测试场景"ClothFeatures/scenes/cloth_size.mb"，如图4-8所示。

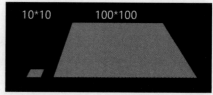

图4-8

这里有两个布线一样的模型，但是尺寸各不相同，左边为10×10个单位，右边为100×100个单位，设置这两个模型为布料，并将一条边约束，解算器的风场强度设置为30，得到的动态效果如图4-9所示。

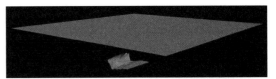

图4-9

通过测试可以看出，在同一风力作用下，模型尺寸小的动态幅度大，模型尺寸大的动态幅度小，可见模型尺寸对动态的影响非常大。在三维软件中没有具体的模型尺寸参考，可执行"创建-测量工具-距离工具"命令（见图4-10），设置好两个测量点，中间显示的数据就是该物体的尺寸。

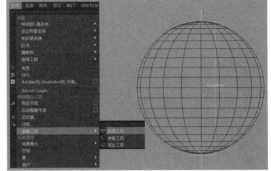

图4-10

知识点 2 布线与动态的关系

布料的动态是基于模型上的点、线、面的位置变化来实现的。模型的布线均匀且为标准四边形，模型的布料动态就自然。如果模型的布线不均匀，且有多边形或三角面，布料的动态就无法实现自然的效果。打开测试文件"Class_04_FX_Cloth/ClothFeatures/scenes/cloth_wiring.mb"，如图4-11所示，左边的布线均匀且为四边形，右边的圆形布线不均匀且有三角面。

将这两个圆形模型设置为布料，并与下面的模型和地面产生碰撞，效果如图4-12所示。

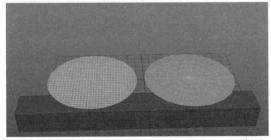

图4-11

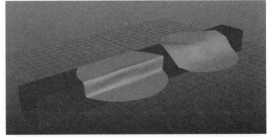

图4-12

通过测试可以看出，左边布线均匀且是四边形的模型，动态效果很自然，而右边的模型有三角面且布线也不均匀，动态效果不自然且中间有折痕。可见合理的布线非常重要，在进行角色布料模拟时，一定要采用布线均匀且为四边形的模型，否则布料的模拟会出现问题。

知识点 3 速度与动态的关系

尺寸相同、布线相同、布料节点相同、参数一致的情况下，动画速度不同动态效果完全不同。打开场景文件"Class_04_FX_Cloth/ClothFeatures/scenes/cloth_speed.mb"，如图4-13所示。

场景中有红、绿两个小球，并且设置了位移的动画。红色小球移动慢，绿色小球移动快。将两个平面模型设置为布料，并且分别约束到两个小球上，播放动画观察效果，如图4-14所示。

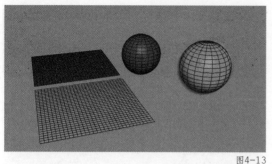
图4-13

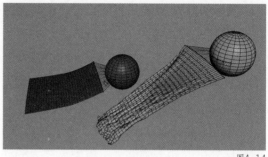
图4-14

动画速度越快，模型布料变形越严重。在动画制作中要让相同的角色产生不同的动画效果，需要重新设置布料的参数。

第3节 解算器的属性

本节将讲解解算器的各个属性。

知识点 1 变换属性

选择模型，创建布料节点后，在大纲视图中会出现一个布料节点 [nCloth1] 和一个解算器节点 [nucleus1]。解算器节点是动力学模拟中重要的节点，它管理着所有的布料节点、碰撞节点和约束节点。勾选"启用"可以让所有的布料节点开启模拟或关闭模拟。解算器的"变换属性"栏中主要包括解算器的位移、旋转和缩放等属性，如图4-15所示。

图4-15

注意 在动画制作中一般保持图4-15中的默认值，不做更改。

知识点 2 重力与风

解算器可以为场景中的布料添加重力场和风场，如图4-16所示。

● "重力"的默认值为"9.8"。

● "重力方向"有3个选项，分别为X、Y、Z轴向，1代表正方向，–1代表反方向。

图4-16

● "空气密度"在Maya里的默认值为1，当这个数值为0时，相当于真空。制作动画时一般为默认值。

- "风速"代表着风力的强弱。
- "风向"有3个选项，分别为X、Y、Z轴向，1代表正方向，-1代表反方向。
- "风噪波"可以让布料受到的风场不统一，从而使布料产生更丰富、细腻的动态效果。

知识点3 地平面属性

默认情况下，布料不会与视图中的网格产生碰撞，当勾选"使用平面"复选框时，布料就可以与网格产生碰撞关系，如图4-17所示。

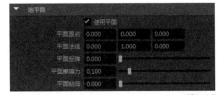

图4-17

- "平面原点"可以定义网格的位置，比如在动画制作中，有些场景的地面并不与网格平行，就需要调节平面原点来适配场景中的地面。

- "平面法线"的3个选项分别为X、Y、Z轴向，1代表正方向，-1代表反方向，默认0代表Y轴朝上。

当设置布料与地面产生碰撞后，还可以设置地面的弹力、摩擦力、黏性。

知识点4 解算精度属性

在进行布料模拟过程中，如果出现穿帮等模拟错误，就需要提高解算器的"子步"值；如果需要得到更加精细且准确的碰撞效果，就需要提高"最大碰撞迭代次数"值。进行多层布料模拟时，布料层数的限定可以设置"碰撞层范围"来改变，如图4-18所示。

图4-18

知识点5 时间属性

"时间"属性栏如图4-19所示。

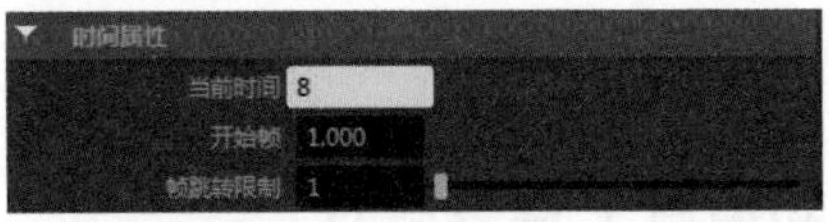

- "当前时间"显示的是动画播放时时间线上的当前帧，主要用于观察，是不可调参数。

图4-19

- "开始帧"是布料模拟的起始帧，是开始模拟之前必须设置好的参数。
- "帧跳转限制"可以对模拟时帧跳转的范围进行限定，一般默认为1。

知识点6 比例属性

在进行动画制作时，场景的比例和动画的节奏是千变万化的，要使场景的比例和时间适配才能实现正常模拟。"时间比例"可以对当前模拟的时间进行缩放，如0.1相当于时间慢放0.1倍（相当于原来的1/10），10相当于快进10倍；"空间比例"是指每个单位面积里所受到的重力场强度，如默认值1表示一个单位面积的重力场强度为9.8牛/千克，10表示一个单位面积的重力场强度为0.98牛/千克，如图4-20所示。数值越小，布料越重；数值越大，布料越轻。

图4-20

第4节 布料节点属性——动力学特性

动力学特性决定布料模拟时的质感表现。本节将讲解布料节点常用的动力学特性。选择布料节点，打开属性面板，在属性面板内展开"动力学特性"，如图4-21所示。

图4-21

知识点 1 拉伸阻力

当模型变成布料后，Maya会把模型上的点转化为粒子，粒子之间的拉力则由拉伸阻力控制，拉伸阻力越大，粒子之间的距离保持得越好，布料形态也就保持得越好，反之，布料拉伸变形越严重。

创建面片模型并将其设置为布料，如图4-22所示，左边模型的拉伸阻力设置为50，右边的拉伸阻力设置为5。

通过对比可以看出，拉伸阻力越小，模型越容易变形，反之则能更好地保持模型形态。

图4-22

知识点 2 压缩阻力

压缩阻力可以保持模型的形态，使模型有一定张力，可以模拟材质偏硬一点的物体，如帽子、夹克等。创建球体模型并将其设置为布料，如图4-23所示，左边模型的压缩阻力设置为0，右边模型的压缩阻力设置为20。

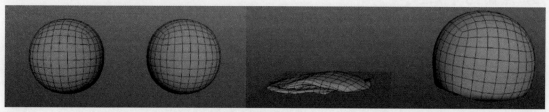

图4-23

知识点 3 弯曲阻力

弯曲阻力值越大，布料越不容易弯曲；弯曲阻力值越小，布料越容易出现褶皱。弯曲阻力在表现布料质感方面非常重要。相同的模型在不同弯曲阻力值下表现不同，如图4-24所示，其中，左三图的弯曲阻力值为0.1，右一图的弯曲阻力值为20。

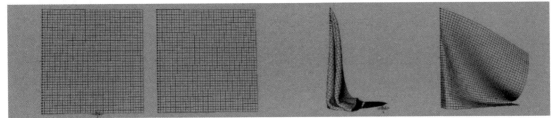

图4-24

知识点 4 弯曲角度衰减属性

弯曲角度衰减属性可以使布料的抗弯曲强度有一定的衰减，避免弯曲阻力太大时布料显得过于僵直。将相同的两块布料的弯曲阻力设置为20，将右边的布料的角度衰减设置为0.1，效果如图4-25所示。

可以看到模型在保持较大的弯曲阻力情况下，右边的布料明显变软且褶皱更多。

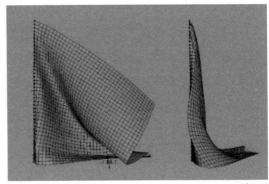

图4-25

知识点 5 斜切阻力

布料特效的本质是将模型上的点转化为粒子进行动态模拟。若一个面由4个点构成，对角之间点的拉力则由斜切阻力控制，也可以理解为扭曲的阻力，如图4-26所示。

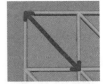

图4-26

知识点 6 刚体属性

开启"刚体"属性可以将模型转化为比较硬的材质，可以模拟塑料、砖块等材质的物体。将几个模型设置为布料，并将其刚体属性设置为0或1，效果如图4-27所示。

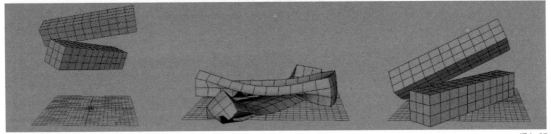

图4-27

开启"刚体"属性后模型没有出现弯曲变形的效果，但保留了碰撞等动力学效果。变形阻力可以保持物体的形变效果。开启"刚体"属性后，物体之间碰撞后会产生变形，然后再恢复原样，如果需要保持撞击后的凹凸效果，就可以开启"变形阻力"。将模型的"刚体"属性开启，再将"变形阻力"分别设置为0和1，效果如图4-28所示。

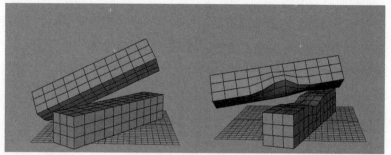

图4-28

从图4-28可以看出，开启"变形阻力"后，物体受撞击部位凹下去的形态被保留下来。利用这一特点可以制作汽车碰撞等特效。

知识点 7 输入网格吸引

输入网格吸引是进行布料解算时常用的属性。模型转化成布料后，其实是将原模型隐藏，而显示可以变形的布料模型。在菜单栏中执行"nCloth- 显示输入网格"或"显示当前网格"命令，可以在这两类模型间切换显示。开启"输入网格吸引"属性，布料模型会自动约束到原模型上，设置其中的参数可以改变吸引的权重。针对这个属性还可以绘制区域控制图。

知识点 8 静止长度比

静止长度比可以实现布料的缩放，用来模拟可拉伸的材质，例如皮筋等。

知识点 9 质量

质量也是模拟布料质感非常重要的属性。质量越大，布料越厚重；质量越小，布料越轻盈。

知识点 10 升力属性

升力是在进行布料模拟时采用的一个向上的力，以实现空气浮力的效果。创建两个平面模型并将其设置为布料，将它们的升力分别设置为0.05和1，效果如图4-29所示。

图4-29

从图4-29可以看出，增大升力后布料下落得慢一点，会有更多变形效果。

知识点 11 阻力

增大阻力值可以减小布料运动的幅度；当风场很强或者角色运动幅度大的时候，增大阻

力可以优化布料动态。创建一个布料并给予比较大的风场，效果如图4-30中的左图所示。再

将布料的阻力由0.05
调至1，动态效果如图
4-30中的右图所示。

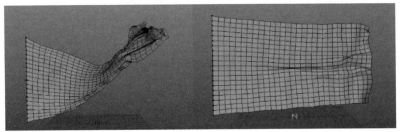

图4-30

通过测试能看到，阻力越大，布料的动态范围越小。

阻力中还包括切线阻力，切线阻力是指布料弯曲时切线方向上的阻力，它也可以减弱布料的弯曲效果。阻尼可以整体减缓布料运动的速度，减慢布料的节奏。阻尼值提高相当于增加了介质密度，类似于布料在水中或者空气中运动。

阻尼中还包括拉伸阻尼，主要控制拉伸时的阻尼值，也可以减弱布料的动态效果。

第5节 布料节点属性——碰撞

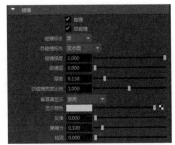

布料与其他模型之间产生交互就需要使用碰撞功能。本节将讲解布料碰撞的相关知识。在布料节点的属性面板里展开"碰撞"属性栏，参数如图4-31所示。

图4-31

知识点 1 开启与关闭碰撞

"碰撞"属性默认是开启的，解算布料时布料会自动与碰撞体产生碰撞，取消勾选"碰撞"，布料就不再计算碰撞效果，"自碰撞"同样如此。如图4-32所示，左图为开启状态，右图为关闭状态。

图4-32

知识点 2 碰撞模式的切换

碰撞的模式有点、边、面等几种可供选择。其中，面的模式精度最高，其次是边的模式，最低的是点的模式。精度越高，解算越准确，但需要的时间就越长。单击"解算器显示"可以预览碰撞的模式，依次为点、边、面模式，如图4-33所示。

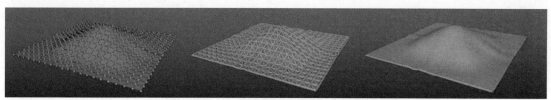

图4-33

知识点 3 碰撞强度

当"碰撞强度"设置为1时，布料参与碰撞；设置为0时，布料不参与碰撞。动画制作时对
这个属性绘制强度属性贴图，可以
让局部产生碰撞，如图4-34所示。

从图4-34可以看出，黑色部
分没有参与碰撞，而白色部分则有
碰撞效果。

图4-34

知识点 4 碰撞层

进行多层布料解算时，为了避免
布料之间的穿帮，可以用碰撞层定义
布料之间的上下层关系，层级高的会
始终保持在层级低的上面，以保证解
算的准确性，如图4-35所示。

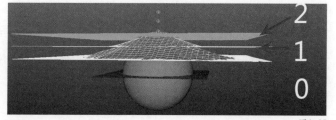

图4-35

知识点 5 碰撞层与自碰撞厚度

布料碰撞时会自定义一个厚度，
使原模型与碰撞体保持一定距离，
可以调节这个距离值的大小；在特
殊情况下需要将碰撞厚度调大，以
避免内部模型穿帮。具体效果如图
4-36所示。

图4-36

知识点 6 弹力、摩擦力、黏性

在"碰撞"属性栏还可以设置布料碰撞时产生的弹力、摩擦力、黏性。弹力控制碰撞时
反弹的力度。摩擦力控制布料与碰撞体之间的摩擦强度，在模拟棉质等粗糙质地时非常重要。
黏性开启后，布料会粘到碰撞体上，可模拟打湿的布料或者有黏性布料的效果。

第6节 属性贴图

布料节点拥有众多属性，这些属性可以通过绘制贴图进行局部控制。"nCloth-贴图"提供了4类贴图绘制方法（见图4-37）："绘制纹理特性"是将贴图绘制在一张纹理图上，模型需要展好UV才能使用这个功能；"绘制顶点特性"是将颜色信息绘制在模型的顶点上，这是常用的绘制方案；纹理上的颜色信息与顶点上的颜色信息可以通过"将纹理贴图转化为顶点贴图"和"将顶点贴图转化为纹理贴图"互换。

图4-37

知识点 1 属性贴图的原理

布料系统里的每一个属性是作用于整个布料模型的，比如摩擦力为2时，代表布料上每个点的摩擦力都是2。在实际制作中为了得到更丰富的动态变化，需要让布料上的属性不统一，比如让一块布料上某一部分的摩擦力强，而另一部分摩擦力弱。这种属性不统一的效果，可以通过绘制属性贴图实现，如图4-38所示。

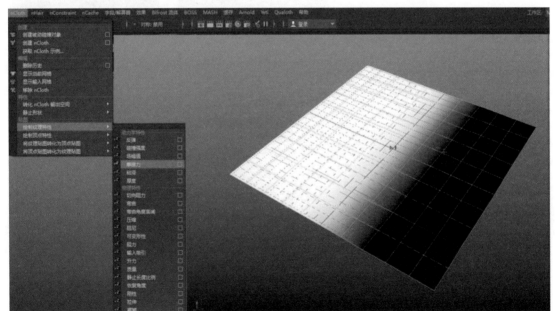

图4-38

在布料模型上绘制摩擦力的属性贴图，贴图中的白色代表摩擦力强度值为1，黑色代表摩擦力强度值为0,灰色代表摩擦力强度值为0.5。布料节点上的其他属性都可以通过绘制黑白属性贴图来实现局部的控制。

知识点 2 属性贴图的使用技巧

　　属性贴图可以更加灵活地控制布料节点的参数，是制作中常用的技巧。接下来我们通过一个案例来体验属性贴图的强大之处。打开项目文件"Class_04_FX_Cloth/ClothFeatures/scenes/cloth_InputAttributet.mb"，如图4-39所示。

　　场景中有两组模型，模型有左右摆动的动画。将外部的圆柱设置为布料属性，内部的圆柱设置为碰撞体。左边的模型布料使用约束控制；右边的模型开启"吸引原始模型属性"，并绘制一个上白下黑的"吸引原始模型属性贴图"。效果如图4-40所示。

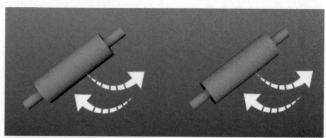

图4-39

　　黑白图的功能是：白色部分吸引值为1，动力学模拟时，布料被锁定而不产生动态；黑色部分吸引值为0，代表布料未被锁定，动力学模拟时布料有动态效果。播放动画可以看到效果，如图4-41所示。

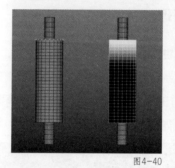

图4-40

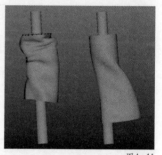

图4-41

　　左边的模型使用点约束的方式时，固定部分与动态部分的过渡比较生硬。右边的模型使用绘制贴图控制的方式，固定部分与动态部分的过渡比较柔和。在制作动画时，角色的布料往往只需要局部有动态效果，例如角色的衣袖，袖口的动态比较大而腋窝的部分并不需要很大的动态。使用属性贴图的方式就能很好地控制这种情况下布料的动态。

第7节　约束节点

　　布料经常需要固定在模型上，固定布料使用的就是约束节点。本节将讲解约束的创建与常用约束节点的使用技巧。

知识点 1 组件约束

　　在场景视图中，选择要约束的 nCloth 边或面，再单击"约束"菜单栏下的"组件"就创建好了组件约束。如果选择顶点，则 Maya 会在创建约束前将选择转换为顶点之间的边。

知识点 2 组件到组件

组件到组件约束可以将布料模型的顶点、边或面约束到其他 nCloth 或被动碰撞对象上，例如两块布料之间的缝合，如图4-42所示。

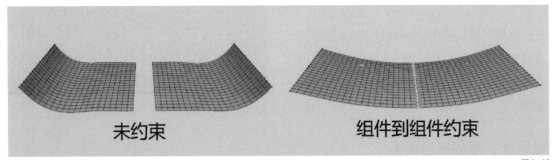

图4-42

在约束节点的强度属性里，可以添加权重贴图。例如在约束节点的强度属性里添加一张黑白渐变图，调节该图的分布可以实现布料之间的开合效果，如图4-43所示。

图4-43

知识点 3 力场约束

力场约束使用一个辐射场将布料外推，辐射场的区域围成一个球形。在创建一个力场约束后，场景中会出现一个力动力场定位器。力场定位器反映了动力场的大小、形状和位置，如图4 44所示。

图4-44

知识点 4 点到曲面约束

点到曲面约束是常用的约束节点。在制作动画时，经常需要将布料约束在角色身体上，比如披风、飘带等，这时就可以采用点到曲面约束。实现点到曲面约束的步骤如下：首先选择布料模型上的点，再按Shift键加选模型，在菜单栏中执行"点到曲线约束"命令，效果如图4-45所示。

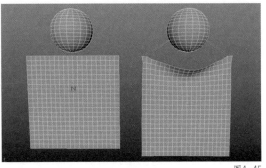

图4-45

075

知识点 5 沿表面滑动约束

沿表面滑动约束可以使布料附加到曲面上且能够在曲面滑动，可以模拟类似碰撞的效果。实现沿表面滑动约束的步骤如下：首先选择布料模型上的点，再按Shift键加选曲面模型，在菜单栏中执行"沿表面滑动约束"命令，实现模型沿着曲面滑动，如图4-46所示。

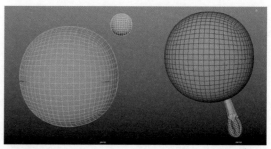

图4-46

知识点 6 撕裂曲面约束

撕裂曲面约束是给模型上的每个点创建一个约束点，一个约束点控制4条边，当约束断开时对应的边也会断开，就形成了模型被撕裂开的效果。选择布料模型，执行"撕裂曲面约束"

命令就能创建撕裂曲面约束，再为当前布料添加碰撞体，播放动画就能预览撕裂的效果，如图4-47所示。

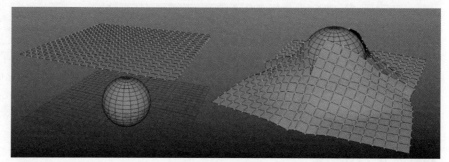

图4-47

知识点 7 变换约束

变换约束可以将布料固定在空间内某一点的位置，例如窗帘的一端固定不动的效果。变换约束的创建只需要选择模型上的点，再执行"变换约束"命令即可，效果如图4-48所示。

 注意 模型添加布料节点后才能创建约束节点。

图4-48

第8节 Ncloth案例制作——解算角色舞蹈布料

本节将讲解角色布料节点的制作流程，通过一个女性角色跳舞的案例，使读者掌握Ncloth系统制作角色布料特效的流程。案例的制作分为4个部分，第一部分为工程管理，第二部分为设置布料关系，第三部分为布料动态模拟，第四部分为缓存创建与视频输出。

知识点 1 工程管理

角色特效涉及的素材非常多，必须要有严格的工程管理措施，否则素材丢失会导致文件的各种错误。开始制作案例之前首先要对工程进行管理。工程管理包括3个步骤：工程的创建与路径指定、文件素材的归类、场景模型的整理。

■ 步骤1 工程的创建与路径指定

执行"文件-项目窗口"命令可以创建新的工程，再指定工程路径，为工程命名即可，如图4-49所示。

用户也可以直接使用现有的工程，执行"文件-设置项目"命令可以指定现有工程，工程路径为"FX_Cloth\Dance"。

> **注意** 设置工程的名称与路径时应避免使用纯数字或者汉字，否则会导致文件出错。

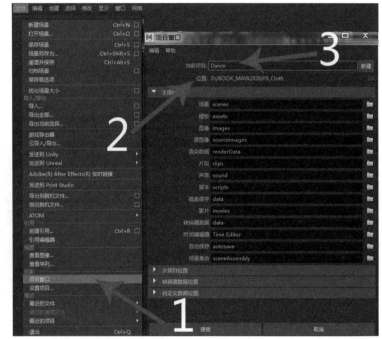

图4-49

■ 步骤2 文件素材归类

工程创建完毕后需要检查镜头文件、贴图文件、缓存文件、场景文件等素材是否放入指定的文件夹内。例如场景文件和镜头文件需要放置在"scenes"内，缓存文件放置在"cache"内，贴图文件放置在"Sourceimages"内。

■ 步骤3 场景模型整理

工程文件放置正确后，在Maya内打开镜头文件"women_dance.mb"，如图4-50所示。

播放动画并检查场景文件时可以看到，这是一个角色跳舞的动画，动画时长为-30 ~ 200帧。角色的上衣部分已经做好绑定，裙子部分并未设置绑定，需要使用布料技术模拟动态。

模拟布料之前还需检查模型的比例，模型的比例要与现实角色的比例相当，才能便于布料特效的模拟。用户可以通过距离测量工具进行检测，如图4-51所示。

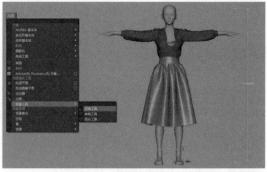

图4-50

图4-51

通过测量工具可以得出角色的高度为173个单位，也就是173厘米，接近真实人物的高度，这个模型满足布料模拟时的尺寸要求。

知识点2 设置布料关系

通过场景模型整理可以知道，需要进行布料模拟的只有裙子部分。布料模拟之前需要进行布料关系的设置，布料关系包括谁是布料，谁是碰撞体，哪里需要约束，动画的解算起始时间。

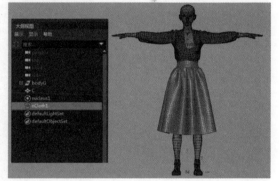

■ 步骤1 设置布料

切换到FX模块，选择裙子模型，在菜单栏中执行"nCloth-创建nCloth"命令。选择布料节点，模型的线框显示紫色，代表布料创建成功，如图4-52所示。

图4-52

■ 步骤2 设置被动碰撞对象

选择人体模型，在菜单栏中执行"nCloth-创建被动碰撞对象"命令，人体模型的属性栏里增加了与碰撞相关的参数。这时被动碰撞对象就设置成功了，如图4-53所示。

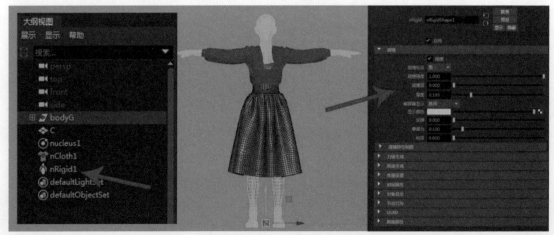

图4-53

■ **步骤3 设置约束**

经过以上步骤设置好了布料与碰撞体，但是播放动画时裙子会下落，而裙子的腰带部位应该是固定在腰部的，所以就需要使用约束节点将腰带固定在人体上。

选择腰带部位的点，再按Shift键加选人体模型，在菜单栏中执行"nConstraint-点到曲面"约束命令，这时约束就创建成功了，如图4-54所示。

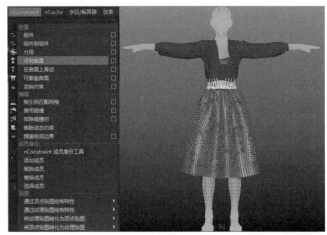

图4-54

■ **步骤4 设置解算时间**

默认情况下，布料系统是从第1帧开始解算的，而每个动画镜头的起始帧往往不是第1帧，可能是从负帧数开始，也可能是在几百帧后才开始。解算的起始帧与动画的起始帧不匹配会导致布料无法正确模拟，这就需要调整布料的解算时间。当前动画的起始帧是-30，就需要将解算时间的起始帧也设置为-30。

> **注意** 角色的动画一般会有一个从初始姿态过渡到动画姿态的过程，即初始时角色的姿势为双臂平伸、身体直立的T形姿势，然后需要30帧过渡到镜头动画的起始姿势。布料解算时必须从T形姿势开始模拟。当前动画文件比较特殊，-30帧为当前角色的初始姿势。

在大纲视图下选择解算器节点，再在右边的属性栏里将"时间属性"中的"开始帧"设置为-30（见图4-55），播放动画时就能预览裙子的动态效果了。

图4-55

经过上述几步的操作就完成了布料关系的设置，下面就可以开始布料动态的模拟了。

知识点3 布料动态模拟

由于场景模型不同，角色动画不同，默认布料属性的参数并不能得到理想的动态效果，这就需要调节和优化参数，也叫动态模拟。动态模拟可以分为两个部分：第一个部分是布料质感的模拟，第二个部分是解决布料穿帮的问题。

第一部分：布料质感模拟

布料的质感主要体现在以下几个方面：重量感（"重量"为"质量"的俗称），例如丝绸轻盈，棉麻厚重；柔软度，例如丝绸柔软易弯折，皮革偏硬不易折；弹性，例如腈纶易拉伸富有弹性，棉布不易拉伸；折痕，例如丝绸不易产生折痕，纯棉材质容易有折痕。为了实现这些丰富的质感效果，需要调节布料节点上对应的属性来模拟。

■ **步骤 1 提高布料重量感**

要增加布料的重量感可以将解算器的"空间缩放"参数调小，或者增大布料节点的质量。预览动画时可以看出当前布料缺乏重量感，需要增大布料的质量，可以将"空间缩放"设置为0.05，"质量"设置为10。前后效果对比如图4-56所示。

通过图4-56可以看出，调小"空间缩放"与增大"质量"后，裙子显得更重、更沉了，也更符合裙子棉麻的质感。

■ **步骤 2 调整布料的柔软度与弹力**

布料节点弯曲阻力的大小可以体现布料的柔软度，弯曲阻力越大，布料显得越硬。从本案例的效果可以看出，布料太过柔软，可以适当增大弯曲阻力，如将"弯曲阻力"设置为2。布料节点的拉伸阻力可以体现布料的弹力效果，拉伸阻力大，布料不易变形，弹力就小。棉麻的质地弹力小，该案例需要增大拉伸阻力来减弱弹力过大的效果，需将"拉伸阻力"设置为40。前后效果对比如图4-57所示。

图4-56   图4-57

通过图4-57可以看出，右图优化过拉伸阻力与弯曲阻力后，裙子没有因为拉伸而变长，并且褶皱过渡也稍微平滑一点。

■ **步骤 3 优化动态**

通过前两个步骤布料已经有了比较真实的质感，但是布料运动的幅度偏大且节奏过快，可以增大阻力而减小布料摆动的幅度，增大阻尼而减缓布料运动的节奏。用户可设置布料的"阻力"为0.5，"阻尼"为0.1，效果如图4-58所示。

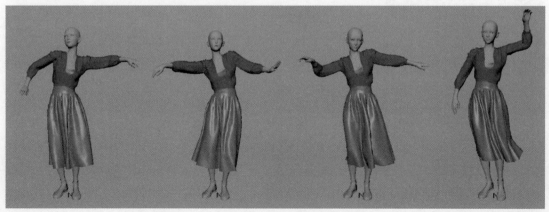

图4-58

此时就得到了质感真实、动态合理的布料效果。

第二部分：解决布料穿帮问题

布料在模拟的过程中，由于动作节奏过快或者模型复杂，会出现穿插或者变形严重的现象，可以通过更改布料碰撞栏下的"碰撞模式"命令来解决，如图4-59所示。

图4-59

有时更改"碰撞模式"还无法解决穿帮的问题，这种情况下就可以提高"解算器属性"栏中的"子步"值来解决，例如将"子步"值由默认的3调整为6、12或24等，如图4-60所示。

图4-60

通过以上步骤就完成了布料动态的模拟。下面就可以创建缓存与输出视频了。

知识点4 缓存创建与视频输出

创建缓存的目的是将当前布料的动态数据以缓存的形式存储在磁盘上，播放动画的时候，读取的是缓存数据而不是逐帧的解算，这样读取动画的效率就很高了，也便于后期渲染时预览动画。创建缓存的命令如图4-61所示。

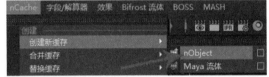

图4-61

> 注意 布料创建好缓存后，动态就被固定下来了，播放动画时读取的是缓存数据。这时再去修改布料节点的参数，布料的动态是不会发生改变的。

由于场景比较复杂，在Maya中通过播放动画观察布料的动态节奏时会发现比较卡也比较慢，正确观察布料动态节奏的方法是通过拍屏动画，在时间线上单击鼠标右键，执行快捷菜单中的"播放预览"命令，就可以创建动画视频，如图4-62所示。

图4-62

第9节 Qualoth布料系统

本节将讲解一个强大的布料系统——Qualoth模拟插件。Qualoth布料插件与Ncloth的制作原理基本相同，其优势在于模拟布料的效率更高，是角色特效制作中常用的一款布料模拟插件。

知识点 1 Qualoth 概述

Qualoth是韩国FXGear公司推出的一款布料模拟插件，可以计算出完美而又逼真的各种布料效果。Qualoth支持多线程计算，能够提供高效稳定的计算，被广泛地运用于各大影视项目中。

Qualoth布料插件的使用流程与Ncloth基本一致，知识点可分为布料节点、解算器节点、约束节点和碰撞节点。布料节点负责布料质地，解算器节点负责全局的动力学计算，约束节点负责固定布料，碰撞节点负责碰撞效果。

知识点 2 Qualoth 创建布料

Qualoth创建布料有两种方式，第一种方式是将多边形模型直接转换为布料，第二种方式是曲线打版生成布料。

第一种方式：多边形模型转换为布料

Qualoth布料插件支持多边形模型。选择模型，在菜单栏中执行"Qualoth-Create Cloth"命令，就可以将多边形模型转换为布料。模型转换为布料后，在大纲视图中原模型会被隐藏并生成3个节点：qlSolver1解算器节点、qlCloth1布料节点、qlCloth1Out布料模型节点，如图4-63所示。

图4-63

播放动画，就可以观察到模型的动态效果了。注意：模型的尺寸必须与现实世界的尺寸一致，比如人的身高为180cm，在Maya中模型的大小也必须是180个单位，模型布线规范、动画节奏正确且规范。这些是Qualoth正确模拟布料的前提。

第二种方式：打版生成布料

打版生成布料是Qualoth布料插件独特的功能。首先使用曲线描绘出服装的轮廓，再执行"Qualoth-Create Pattern"命令生成布料板块，布料板块之间执行"Create Seam"命令进行缝合，如图4-64所示。

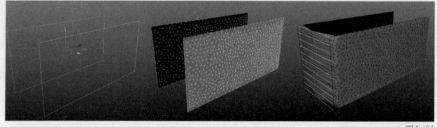

图4-64

知识点 3 Solver 解算器节点属性

Solver解算器管理着一块或多块布料，它控制着动力学模拟时的重力、解算精度、起始帧等关键信息。本部分将介绍解算器常用的属性。在大纲视图中选择qlSolver1解算器节点，打开属性面板，如图4-65所示。

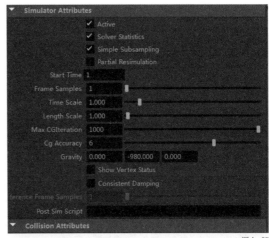

"**Active**"（激活）。勾选该项，布料系统会开启模拟；取消勾选该项，则会关闭布料的动力学模拟。当场景有多组布料系统时，为了提高计算机的模拟效率，可以选择暂时关闭其他无须工作的布料系统。

图4-65

"**Start Time**"（起始时间）。该参数用于设置布料模拟的起始帧。在动画制作时，镜头并不全是从第1帧开始，也可能是从负数帧开始或者几百帧开始，在开始制作布料特效前，首先需要设置的就是该属性。

"**Frame Samples**"（帧采样）。提高帧的采样值可以得到更加精准的动态效果；在布料穿帮的情况下，提高帧的采样值可以解决穿帮的问题。

"**Time Scale**"（时间缩放）。时间线上的长度恒定时，通过该属性可以对当前模拟的时间长度进行缩放。例如当前动画的时长为50帧，将该值设置为2时，布料模拟的时间相当于50帧×2=100帧的时长。

"**Length Scale**"（长度缩放）。该控制布料的长度缩放，主要用于模拟具有拉伸性的布料，例如丝绸质地的布料等

"**Max CGIteration**"（最大迭代值）。在模拟质地比较硬的物体时，需要将布料的拉伸值与弯曲阻力调大，该属性就是最大限定值。

"**Gravity**"（重力）。在默认情况下布料会自动向下落，这是因为解算的重力属性设置Y轴为-980，即布料受到向下的重力。

"**Show Vertex Status**"以顶点颜色形式显示布料点的状态。蓝色代表接触产生碰撞，绿色代表该点与其他布料处于相邻的阈值范围，红色代表穿帮。

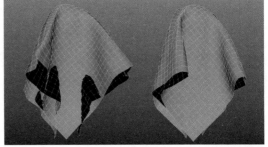

"**Collision Attributes**"（碰撞属性）。在碰撞属性栏里主要使用的参数是开启自动碰撞，需要勾选"Self Collision"，开启自动碰撞后布料就可以与自身产生碰撞，如图4-66所示。

图4-66

知识点 4 Cloth 布料节点属性

布料节点控制的是对应布料的动力学属性，在大纲视图中选择"qlCloth1"布料节点，打开属性面板，如图4-67所示。

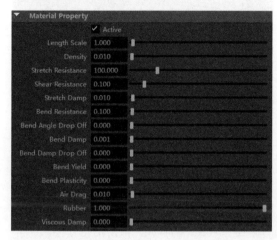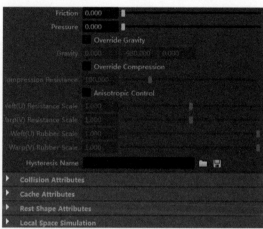

图4-67

"Active"（激活）。勾选该项对应的布料模型就开启了动力学模拟，取消勾选则关闭了动力学模拟。

"Length Scale"（长度缩放）。该属性控制着布料模拟时的缩放情况，数值越大，布料越松弛。

"Density"（密度）。它指的是单位面积的质量密度，数值越大，布料越重。

"Stretch Resistance"（拉伸的阻力），用于控制布料拉伸或压缩时的阻力值。

"Shear Resistance"（扭曲的阻力），用于控制布料扭曲或倾斜时的阻力值。

"Stretch Damp"（拉伸阻尼），用于控制布料拉伸运动的阻尼。

"Bend Resistance"（弯曲的阻力），用于控制布料的抗弯性。

"Bend Angle Drop Off"（弯曲角度的衰减）。

"Bend Damp"（弯曲阻尼），用于控制布料弯曲运动的阻尼。

"Bend Damp Drop Off"（弯曲阻力的衰减）。当数值为1时，弯曲的阻力均匀作用于布料的每一个顶点。开启后弯曲的阻力会产生衰减，顶点受到的弯曲阻力会有差异。

"Bend Yield"（弯曲屈服）。该属性可设置的范围为0~180°。布料运动时产生变形弯曲，若弯曲的角度超过设定的角度范围，折痕将被保留。

"Bend Plasticity"（弯曲的塑性）。当数值为0时，布料弯曲变形后会恢复原状，且褶皱消失；当数值为1时，能够保留褶皱效果。

"Air Drag"（空气阻力）。布料运动时，该属性可以模拟空气的阻力效果。

"Rubber"（橡胶）。数值为1时代表在静止状态下的布料的面积；当数值大于1时，布料的面积增大；当数值小于1时，布料的面积会缩小。

"Viscous Damp"（黏性阻尼），是赋予布料粘连的参数，模拟类似布料打湿后的运动效果。

"Friction"（摩擦力），用于控制布料顶点之间的摩擦。

"Pressure"（压力），用于控制布料顶点法线方向施加的压力，可以模拟气球等膨胀的布料效果。

"Override Gravity"（忽略重力场）。勾选该项后解算器的重力将不对该布料节点起作用。

"Collision Attributes"（碰撞属性）。碰撞属性栏里是布料的碰撞属性，默认"碰撞"与"自碰撞"属性都是勾选的，一般不做更改。

"Cache Attributes"（缓存属性）。布料创建完烘焙动画后，在缓存属性栏里可以读取动态文件。

以上是布料节点的常用属性，通过这些属性的设置可以模拟丰富的布料材质。

知识点 5 Qualoth 添加碰撞

当布料创建成功后，布料模型并不会与场景模型产生碰撞效果，需要设置布料与模型的碰撞关系才能产生碰撞。选择布料模型，再加选需要参与碰撞的模型，在菜单栏中执行"Qualoth-Create Collider"命令，这时在大纲视图里会出现碰撞节点"qlCollider1"与碰撞模型"qlCollider1Offset"，播放动画就能看到碰撞效果，如图4-68所示。

图4-68

在大纲视图中选择"qlCollider1"碰撞节点，按快捷键Ctrl+A打开属性面板，如图4-69所示。

图4-69

"Active"（激活）。勾选该项模型将参与碰撞，取消勾选模型则不参与碰撞。

"Offset"（偏移）。该属性用于控制布料与碰撞体之间的距离"增大偏移值可以避免布料距离过近而造成的穿帮。

"Friction"（摩擦力）。该属性用于控制布料之间的摩擦效果。

"Priority"（优先级）。数值越大，碰撞的优先级越高。

知识点 6 Qualoth 约束

约束的目的是将布料固定在某一位置，是布料特效制作中常用的功能。Qualoth 布料插件也有灵活的约束节点，它们集中在"Qualoth"菜单栏下的"Constraint"组内，如图 4-70 所示。

图 4-70

"Point Constraint"（点约束），将布料约束在空间中的某一点位置。选择布料上的点，再执行"Point Constraint"命令就可以创建点约束，如图 4-71 所示。

"Line Constraint"（线约束）。线约束可以将布料约束在一条曲线上。选择布料上的点，再执行"Line Constraint"命令就可以创建线约束，如图 4-72 所示。

图 4-71

图 4-72

"Plane Constraint"（平面约束）。平面约束可以将布料上的点约束在垂直于平面的法线方向，选择模型上的点，再执行"Plane Constraint"命令，创建好平面约束后，在属性栏里就可以设置固定平面的方向，如图 4-73 所示。

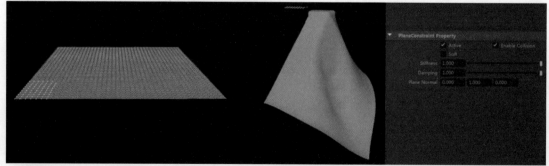

图 4-73

"Attach Constraint"（附加约束）。它可以将布料上的顶点约束在其他模型上，例如把披风固定在角色的肩上。选择布料上的顶点，再加选模型，执行"Attach Constraint"命令就可以创建附加约束，如图 4-74 所示。

"Goal Constraint"（目标约束）。它可以将布料的顶点约束到相似模型的顶点上。目标约束的权重值可以控制约束的强度。一套布料还可以目标约束不同的模型，通过权重值的切换可以让布料吸引不同的模型。目标约束的效果如图4-75所示。

"Weld Constraint"（焊接约束）。焊接约束可以将不同布料的顶点焊接到一起，如图4-76所示。

"Get/Set Vertices"：对约束下的点进行选择或者变更。

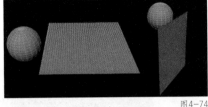

图4-74

图4-75

图4-76

知识点 7　缓存管理

Qualoth在模拟布料时会自动创建缓存，该功能便于预览布料的动画，但是自动创建缓存后动态就被固定了，需要清除缓存才能重新模拟。清除缓存的方法是选择模型或者布料节点，执行"Qualoth-Clear Cache"命令。

当布料的最终动态调整完毕就需要创建缓存。创建缓存的方式是在布料节点的"Cache Attributes"属性栏里指定缓存路径和为缓存命名，再次播放动画的时候就会创建缓存，如图4-77所示。

缓存路径

缓存文件名

图4-77

> 注意　创建缓存的时候，要将时间线的最大播放速度设置为自由。

第10节　Qualoth案例制作——模拟角色布料

本节将使用Qualoth布料插件制作一个模拟角色布料的综合案例，内容包括Qualoth打版制作服饰的技巧、Qualoth模拟布料质感的方法以及Qualoth布料动态与缓存创建的流程。通过该案例的学习，读者能掌握角色布料特效制作的技能。

知识点 1　工程管理

角色布料特效模拟时会涉及很多素材，对这些素材管理不规范会导致动力学模拟时出现不可预期的错误，所以规范的工程管理是开始案例制作前必须要完成的工作。工程管理可以分为两步：第一步是创建工程，第二步是场景文件的整理。

■ **步骤1 创建工程**

在菜单栏中执行"文件–项目窗口"命令，在"项目窗口"里设置好工程的名字与路径，例如，当前工程的"位置"设置为D盘，工程命名为Qualoth_cloth，如图4-78所示。

■ **步骤2 场景文件整理**

在菜单栏中执行"缓存–Alembic缓存–打开Alembic"命令，打开这个文件。打开后可以在场景中看到一个带动画的角色。如图4-79所示。

图4-78

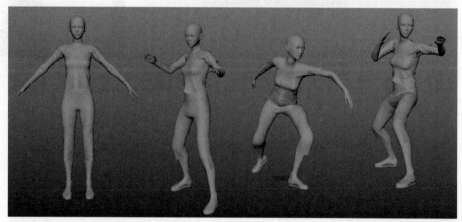

图4-79

在大纲视图中将角色模型命名为"body"，将时间线的起止帧分别设置为-30和100，帧速率设置为最大播放速度24帧/秒，保存当前场景到工程文件夹的"scenes"文件夹内。

知识点2 服饰的制作

在当前场景中，角色的服饰是通过Qualoth打版的方式生成的。首先使用曲线绘制衣服的轮廓图，再执行"Create Pattern"命令生成布料板块，布料板块之间使用"Create Seam"命令进行缝合。

■ **步骤1 绘制裙子的轮廓线**

单击曲线工具架上的"Nurbs方形"图标■，创建出方形曲线，将方形曲线移动至角色的腰部并缩放大小。单击曲线工具架上的"EP曲线"图标■，创建出4条曲线，绘制出裙子的轮廓线。将绘制好的轮廓线前后各摆放一份，如图4-80所示。

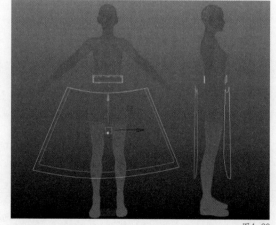

图4-80

■ 步骤2 生成布料板块

裙子的轮廓由4组曲线构成,分别选择每组曲线,在菜单栏中执行"Qualoth-Create Pattern"命令生成布料板块,将生成的布料的法线统一朝外,并将板块的精度设置为100左右,如图4-81所示。

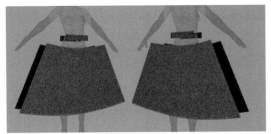

图4-81

■ 步骤3 缝合布料板块

选择对应边的曲线,在菜单栏中执行"Qualoth- Create Seam"命令进行缝合。缝合完毕后选择布料模型与身体模型,添加碰撞。播放动画,就可以得到裙子的模型,如图4-82所示。

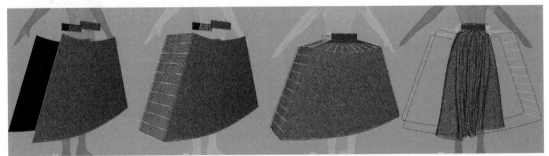

图4-82

■ 步骤4 上衣曲线的绘制

上衣的结构相对复杂,曲线的绘制也需要精细一点,上衣的曲线组依次为衣领、袖子、袖口、上衣正面和上衣反面,如图4-83所示。

图4-83

■ 步骤5 缝合布料板块

选择对应边的曲线,在菜单栏中执行"Qualoth- Create Seam"命令进行缝合,如图4-84所示。

图4-84

■ 步骤6 衣服的穿戴

衣服的版型制作完毕后,选择"qlPattern"板块节点,将细分精度设置为10。选择"qlCloth"布料节点,将长度缩放设置为2。播放动画,就得到了上衣的模型,效果如图4-85所示。

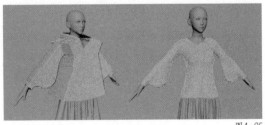

图4-85

知识点3 布料动态模拟

前面已经完成了服饰的制作，接下来就要开始布料的模拟了。

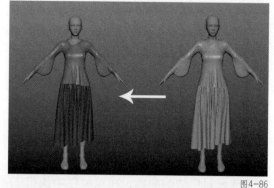

图4-86

■ 步骤1 赋予布料材质

为了便于观察衣服的不同部位，可以给上衣与裙子赋予不同颜色的材质，效果如图4-86所示。

■ 步骤2 初步模拟

将解算器的起始帧设置为-30，播放动画预览动画效果，如图4-87所示。

图4-87

在默认参数下可以看出，布料穿帮的部位很多，主要有以下几点：角色动作过快时衣服发生撕裂，裙子质感太硬，并且在动画结尾处裙子落在了手臂位置。针对以上几点可以通过调节解算器与布料节点的参数进行优化。

■ 步骤3 解决穿帮问题

角色动作过快就会造成布料的撕裂，可以通过提高解算器的解算精度和调小时间缩放值来改善。例如将解算精度设置为10，时间缩放值设置为0.3。

■ 步骤4 布料质地优化

裙子布料太轻或者布料运动的阻力值太小，会造成布料运动幅度太大而穿插到手臂位置。用户可以设置裙子布料节点的密度为0.04，裙子布料节点的空气阻力值为0.02。重新模拟的时候，回到起始帧-30，执行"TruncateCache"命令清除缓存。播放效果如图4-88所示。

图4-88

知识点 4 缓存的创建和加载

布料动态模拟完毕后就可以创建缓存了，上衣与裙子的缓存需要单独创建。

依次在上衣与裙子的布料节点"Cache Attributes"（缓存属性）栏里设置缓存的路径与名称，如图4-89所示。

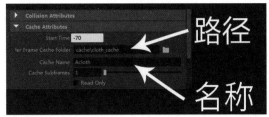

图4-89

将时间轴的最大播放速度设置为自由。

再次播放动画，就会将缓存数据保存在设置好的缓存路径内。

缓存创建完毕，整个角色的Qualoth布料特效就制作完成了。

本课练习题

填空题

（1）Ncloth布料插件一般包括的节点有 _____。

（2）Ncloth进行布料模拟时需要注意的场景特征有 _____。

（3）Ncloth使布料变重的方法有 _____。

（4）Qualoth布料插件制作布料的方式有 _____。

（5）Qualoth布料插件控制布料质量的参数是 _____。

（6）若进行布料模拟时镜头文件不是从第一帧开始，需要设置哪个参数才能正确模拟？

_____。

参考答案

（1）解算器节点、布料节点、约束节点和被动碰撞节点

（2）尺寸、布线和速度

（3）解算器的空间缩放值调小和布料节点的质量加大

（4）选择模型后直接执行"Create Cloth"命令，打版成型

（5）Density（密度）

（6）解算器的起始帧

第 **5** 课

毛发特效

Maya拥有强大的毛发系统，可以生成以假乱真的毛发特效，它在影视作品中创造了许多经典的角色。本课将讲解Maya内置的两个毛发系统——Nhair与Xgen，全面介绍毛发的生成与毛发动力学等知识。通过对本课的学习，读者可以掌握角色毛发的制作流程，能够独立完成毛发形态的制作与动态模拟。

本课知识要点

◆ 毛发特效的基本原理

◆ Nhair毛发系统

◆ Nhair综合案例——老人毛发

◆ Xgen毛发系统

◆ Xgen综合案例——女性角色发型

第1节 毛发特效的基本原理

本节将讲解毛发特效的历史、毛发特效制作流程和Maya毛发系统等知识，使读者了解毛发的基本概念与制作流程。

知识点 1 认识毛发特效

毛发特效是电影中非常常见的特效，主要使用CG技术模拟数字角色身体上的毛发。在许多经典的电影作品中，毛发特效是塑造角色形象的重要手段，比如《狮子王》中生动且写实的毛发让各种动物栩栩如生；《奇幻森林》中形态丰富、动态细腻的毛发，让棕熊巴鲁与真人的互动能够以假乱真等。

在影视特效制作中，毛发是技术与艺术挑战性极高的特效。比如在《疯狂动物城》中，为了塑造精细的毛发效果，一只老鼠的毛发多达40多万根，一只长颈鹿的毛发多达920万根，给特效制作与渲染带来了非常大的工作量。在《少年派的奇幻漂流》中，一只老虎的形象就让15名数字艺术家花费了一年的时间才制作完成。

在早期的CG影片中，由于计算机硬件与软件的局限，实现真实的毛发效果是一件非常困难的事情，所以影片中会尽量避开复杂的毛发效果。比如皮克斯动画工作室早期的三维动画《玩具总动员》中，角色形象以光滑的塑料制品为主；《星球大战》中的绝地武士长老尤达是一只被人操控的木偶，猿人楚贝卡只是戴着头套的真人演员。直到1999年出现的《精灵鼠小弟》中长满毛发的小老鼠，才算真正意义上的全CG毛发角色。

随着计算机硬件与软件的不断进步，许多成熟的毛发制作方案被内置到各种主流的三维特效软件中，制作毛发特效的技术门槛大大降低，数字艺术家们可以比较容易地制作出各种风格的毛发。因此近年来诞生了众多经典的银幕角色，比如《宠物总动员》中可爱的小兔子，《奇幻森林》中各种逼真的猴子，《白蛇：缘起》中仙气飘飘的小白，等等。

知识点 2 毛发特效的制作流程

毛发特效并不是简单地在角色身体上覆盖毛发即可，真实可信的毛发特效涉及的因素比较多。毛发附着在皮肤表面，会随着肌肉的起伏而运动，所以精细的模型与细腻的动画是制作毛发的重要前提。

毛发的种类丰富，参考资料是制作毛发的重要依据。制作《疯狂动物城》时艺术家们走访了许多动物园，甚至使用显微镜去观察毛发的细节，最终才创造出众多栩栩如生的角色。

不同的角色设定与动画要求让毛发的制作难度有巨大的差异，表现小黄人头顶的几根毛发要比表现《海洋奇缘》中女主角弯曲且复杂的发型简单许多倍，因此不同的毛发效果需要不同的制作方案。

毛发交互也是毛发特效中非常重要的部分，比如电影版《魔兽世界》中兽人杜隆坦抚摸他的坐骑雪狼，使毛发产生了细腻的弯曲变形效果，这些交互部分需要精细的设置才能模拟出理想的效果。同时，使用计算机制作毛发时，还需要兼顾质量与效率。在保证质量的前提下优化毛发的数据，以便在规定周期内完成制作任务，也是制作影片时非常重要的部分。

主流的三维视效软件，比如3d Max、Maya和Houdini都拥有功能强大的毛发特效模块或者毛发插件，并在很多影片中得到了广泛的应用。不同的软件或插件制作毛发特效的流程基本一致，主要可以分为4个阶段：第一个阶段为毛发塑形，使用毛发编辑工具制作出毛发的形态，塑形部分使用少量的曲线概括出毛发的长度与走向，再以曲线为参考生成大量毛发；第二个阶段为模拟材质，需要模拟出毛发的颜色与光泽等质感效果；第三个阶段为动态交互模拟，使用毛发的动力学技术，解算出毛发的摆动、碰撞等动态效果；第四个阶段为创建毛发缓存和批量渲染输出。

知识点 3 Maya 的毛发系统

Maya 很早就集成了毛发特效的模块，从早期版本的 Hair、Fur 等毛发系统不断升级完善，到 Maya 2020 版已拥有了功能强大的 Nhair、Xgen 和 Yeti 等毛发系统，能够轻松实现写实级别的人物毛发、动物毛发等各类毛发效果。

毛发系统内置在 Maya 中，能够很好地兼容多边形动画，适应各种复杂的变形效果。同时 Nhair、Xgen 和 Yeti 等毛发系统的动力学模拟与粒子、布料、流体共用相同的解算器，能够实现毛发与布料、毛发与流体的交互，满足复杂的动态模拟要求。Maya 的毛发系统操作灵活，可以直接将多边形转化为毛发系统；又可以像现实中梳理头发一样，使用功能丰富的笔刷进行毛发的塑形，直观又方便。在表现毛发质感方面，Maya 的毛发系统拥有多种丰富毛发细节的节点，可以快速模拟出形态丰富、质感细腻的毛发效果。

Maya 的毛发系统支持各种主流渲染器，比如 Arnold、Redshift 等。功能强大的各类材质可以轻松模拟出写实的毛发，科学的渲染流程在普通的 PC 端也能处理巨量的毛发，使艺术家不再受制于软件与硬件的局限，可以尽情发挥自己的创意。

第2节 Nhair毛发系统

Nhair 是很早就集成在 Maya 内部的毛发系统，也是商业项目中使用非常广泛的毛发系统。Nhair 毛发系统可以直接以曲线为参考生成毛发，毛发的形态属性与动力学参数集成在一个节点上，使用方便、灵活。由于动力学参数丰富，同时支持 Maya 的粒子、流体等其他动力学，所以可以用 Nhair 模拟各种复杂的动态效果。

本节将讲解 Nhair 创建毛发的流程、Nhair 各个节点的属性等知识，使读者掌握 Nhair 毛发系统的使用方法。

知识点 1 Nhair 创建毛发的流程

Nhair的工作原理是以模型表面的曲线为基础生成毛发，在创建毛发之前场景必须有对应的曲线（见图5-1），同时模型必须有UV信息。

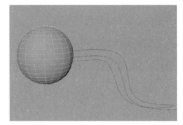

图5-1

首先选择曲线，再加选模型，在菜单栏中执行"nHair-动力学化选定曲线"命令，将当前曲线转化为动态曲线，如图5-2所示。此时大纲视图中会创建出毛发、解算器、输出曲线等节点，如图5-3所示。

然后在大纲视图中选择输出曲线节点"hairSystem1OutputCurves"，再在大纲视图中执行"nHair-将Paint Effects笔刷指定给头发"命令，为动态曲线添加毛发效果，如图5-4所示。此时毛发节点创建完毕，但是毛发依然没有显示，这是因为默认的毛发数量太少。

图5-2

图5-3

图5-4

在大纲视图中选择毛发节点"hairSystem1"，将毛发节点的"每束头发数"的值增加到100，再将"束宽度"设置为1（见图5-5），曲线就生成了毛发，如图5-6所示。

图5-5

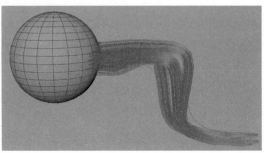

图5-6

使用Nhair生成毛发的核心是曲线，在制作毛发时首先需要使用曲线勾勒出毛发的轮廓，再基于曲线生成毛发。曲线生成的方法有很多种，比较常用的方法是使用多边形制作出毛发的形状，再提取出曲线。

知识点 2 Nhair 各个毛发节点的功能

一套毛发系统包含多个毛发节点，如图5-7所示，每个节点负责特定的功能，认识这些节点能够更好地理解Nhair毛发系统的工作原理。

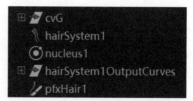

图5-7

"cvG"（ 原始曲线组）。它包含原始曲线与毛囊信息，原始曲线在动力学解算时是没有动态的，它只负责记录默认曲线的形态与位置信息。

"hairSystem1OutputCurves"（输出曲线，也称作动态曲线）。它主要表现毛发的动态效果，是动力学模拟时主要控制的对象。

"hairSystem1"（毛发节点）。它主要控制毛发的形态信息，为动力学参数，是控制毛发的主要节点。

"nucleus1"（解算器）。它负责动力学模拟的全局控制，和布料系统中的解算器是一样的。

"pfxHair1"（笔刷节点）。它用于记录毛发的形态节点，参数一般不做更改。

知识点 3 Nhair 创建毛发的前提

Nhair生成毛发的方法虽然非常简单，但是用于生成毛发的模型与曲线都有特殊要求。掌握模型与曲线的处理原则，是生成合理毛发的前提。

第一个原则：曲线上的顶点要分布均匀且数量适中。曲线上的顶点分布不均匀，曲线的动态就不够柔顺，毛发的动态就不够自然；曲线上顶点的数量越多毛发越柔软，顶点数量越少毛发越偏硬，如图5-8所示。

第二个原则：场景的大小要接近现实场景的比例。比如在真实世界里一个人头部的尺寸为0.2 ~ 0.3米，在Maya场景中模型的比例最好也设置为0.2 ~ 0.3米，越接近真实尺寸，模型动力学模拟越自然。相同的模型与相同的曲线，场景大小不同，毛发的动态完全不同（见图5-9），在制作时统一场景尺寸非常重要。

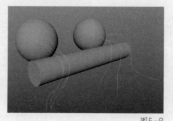

图5-8　　　　　　　　　　　　　　　　　　　　图5-9

第三个原则：毛发与被动碰撞对象要同属于一个解算器才能产生碰撞效果。复杂场景中往往有多个解算器，当一个模型被设置为被动碰撞对象后，本该与毛发发生碰撞效果（见图5-10），但是却发生了穿帮现象（见图5-11），这就是因为毛发与被动碰撞对象不属于同一解算器。此时就需要在菜单栏中执行"场/解算器－指定解算器"命令，将毛发与被动碰撞对象归属到同一解算器。

第四个原则：用于生成毛发的模型必须有UV信息，UV不得重叠，UV必须分布在UV坐标系0~1的范围内，如图5-12所示。

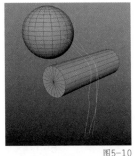

图5-10

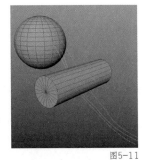

图5-11

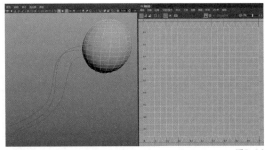

图5-12

知识点4 毛发节点——造型

毛发的密度、成簇和弯曲等造型效果，在毛发节点"hairSystem"的"束和头发形状"栏里调节。在大纲视图中选择毛发节点"hairSystem"，其属性面板如图5-13所示。

"模拟方法"提供了4种毛发显示模式（见图5-14）："Off"代表禁用，播放动画时不更新或显示毛发；"Static"代表静态，播放动画时毛发会显示但不会移动；"Dynamic Follicles Only"代表仅动力学毛囊，播放动画时只更新运动的毛发；"All Follicles"代表所有毛囊，播放动画时会更新所有毛发。

"模拟方法"中提供的4种模式主要是为了提高制作动画时的交互效率，当角色

图5-13

的毛发数量非常多时，选择"Dynamic Follicles Only"模式或者"Static"模式会减少数据，提高交互效率。

图5-14

设置"显示质量"值可以在不影响毛发渲染密度的前提下，降低毛发的显示密度，以提高交互效率。比如巨量毛发实时显示会非常卡，将"显示质量"设置为10，相当于毛发只显示最终效果的1/10，如图5-15所示。显示的毛发少了，交互操作就不卡顿了；调小该参数不影响最终渲染效果。

"束和头发形状"属性栏包含了毛发密度、扭曲和成簇等效果，面板如图5-16所示。

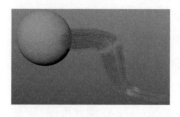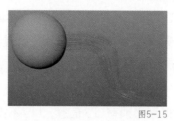

图5-15　　　　　　　　　　　　　　　　　　　图5-16

"每束头发数"用于设置每一条曲线周围生成多少根毛发，数值越大，毛发密度越大，效果如图5-17所示。

"光秃度贴图"可以通过一张纹理贴图控制毛发的密度。

"截面分段"可以设置毛发的分段数，分段数越大，毛发越平滑，效果如图5-18所示。

每束头发数=1　每束头发数=10　截面分段=0　截面分段=4

图5-17　　　　　　　　　　　　　　　图5-18

"稀释"可以实现毛发参差不齐的效果，如图5-19所示。

"束扭曲"可以控制毛发以曲线为中心进行旋转，如图5-20所示。

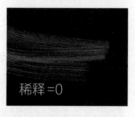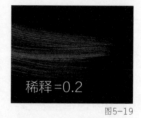

稀释=0　稀释=0.2

图5-19　　　　　　图5-20

"弯曲跟随"用于控制毛发跟随主轴的程度，当将其值调小时，毛发会变成薄片状，如图5-21所示。

"束宽度"用于设置每一束毛发的粗细，效果如图5-22所示。

束宽度=0.1　束宽度=1

图5-21　　　　　　　　　　　　　　图5-22

"头发宽度"用于设置每一根毛发的粗细，调节其值的效果是不能够实时显示的，需要通过渲染才能观察到，渲染效果如图5-23所示。

头发宽度=0.01　头发宽度=1

图5-23

"束宽度比例"属性是通过渐变图像来控制一束毛发从根部到末梢的收缩强度，渐变图像左边控制点控制根部，右边控制末梢，如图5-24所示。控制点下移毛发收缩，控制点上移毛发蓬松，在渐变图像内可以添加或删除控制点，比如将渐变图像内的控制点设置为起伏状，效果如图5-25所示。

"头发宽度比例"属性通过渐变图像控制每一根毛发从根部到末梢的粗细变化，渐变图像左边控制点控制毛发根部，右边控制点控制毛发顶部。控制点下移，毛发变细；控制点上移，毛发变粗。效果如图5-26所示。

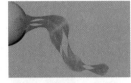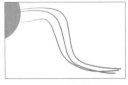

图5-24　　图5-25　　图5-26

束卷曲属性通过渐变图像控制每一束毛发从根部到末梢的扭曲变化，渐变图像左边控制点控制毛发根部，右边控制点控制毛发末梢。控制点下移，毛发反方向扭曲；控制点上移，毛发正方向扭曲。效果如图5-27所示。

图5-27
图5-28

束平坦度属性通过渐变图像控制每一束毛发从根部到末梢的扁平度，控制点上移，毛发束变扁平；控制点下移，毛发束倾向圆柱状。效果如图5-28所示。

束插值属性控制毛发的偏移，数值越大，毛发越分散，适宜制作蓬松的发型。

插值范围属性控制毛发插值运算的范围。

知识点5　解算器节点

毛发形态制作完毕后就需要进行动态模拟。根据动力学模拟的流程，一般首先调节的是解算器节点，这也是需要被第一个掌握的节点。在大纲视图中选择解算器节点，属性面板如图5-29所示。

图5-29

如图5-30所示，视图中心的"N"图标代表解算器节点。勾选"启用"时毛发开启动力学计算，反之关闭动力学计算。"可见性"选项可以控制在视图中心是否显示"N"图标。

变换属性控制解算器的位移、旋转和缩放。这些参数一般不做更改，属性栏如图5-31所示。

重力和风属性控制场景中的重力和风的大小，属性栏如图5-32所示。

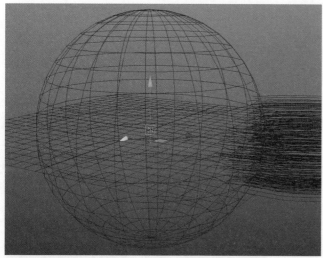

图5-30

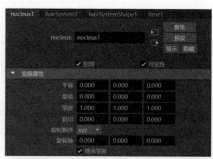

图5-31

图5-32

"重力"控制重量的大小，默认为9.8（单位：牛）。"重力方向"后有3个设定值，分别代表X、Y、Z这3个方向，数值为1时代表正方向，数值为-1时代表负方向。默认为Y轴负方向，所以播放动画时，毛发受重力影响会向下移动，如图5-33所示。

图5-33

"空气密度"代表当前场景中空气的密度，默认数值为1，一般不做更改。

"风速"用于设置风的强度，数值越大，风力越强；"风向"用于控制风的方向，默认3个设定值分别代表X、Y、Z这3个轴向，数值为1时代表正方向，数值为-1时代表负方向。比如将"风速"设置为50，"风向"设置为100，此时毛发就受到来自左边风的影响，如图5-34所示。

图5-34

地平面属性控制毛发与网格的碰撞，如图5-35所示。

勾选"使用平面"时，毛发会与网格发生碰撞，如图5-36所示。

"平面原点"用于设置网格的位置；"平面法线"用于设置网格的正面方向；"平面反弹"用于设置毛发与网格的碰撞强度；"平面摩擦力"用于设置毛发在地面移动时，受到摩擦阻力的强度；"平面粘滞（应写为"黏滞"）"用于设置毛发与地面的粘连强度。

图5-35

图5-36

解算器属性是控制毛发解算精度的非常重要的属性，如图5-37所示。

"子步"用于设置动画每帧解算的次数，数值越大，毛发动态计算得越精确，但需要花费更多的时间。"最大碰撞迭代次数"用于设置模拟碰撞效果时计算碰撞的次数，数值越大，碰撞效果越精确。"碰撞层范围"用于设置多层毛发碰撞时，场景中最高的碰撞层级。

图5-37

时间属性用于显示当前帧与动画开始帧，其中"开始帧"用于设置毛发模拟的起始时间，是常用的参数，如图5-38所示。

"比例属性"栏中提供了对时间与空间比例的控制，如图5-39所示。"时间比例"数值调小时，毛发动画节奏变慢，反之毛发动画节奏变快；"空间比例"数值越小，毛发越重，反之毛发越轻。

图5-38

图5-39

知识点6 毛发节点——碰撞

毛发节点的碰撞属性用于控制与毛发碰撞相关的设置，其面板如图5-40所示。

勾选"碰撞"，开启碰撞属性，毛发能够产生碰撞效果，关闭该属性时毛发不产生碰撞效果。勾选"自碰撞"碰撞，开启自属性，毛发与毛发之间能够产生碰撞效果。模型参与毛发的碰撞时，需要将模型设置为被动碰撞对象，如图5-41所示。

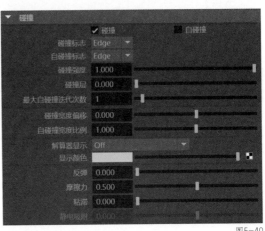
图5-40

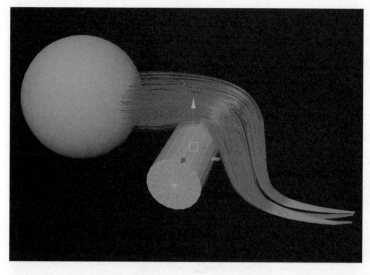

图5-41

开启解算器显示属性，可以辅助观察碰撞的模式与
碰撞厚度，如图5-42所示。将"解算器显示"切换至
"Collision Thickness"（碰撞厚度）模式，毛发的边界会显
示为黄色，如图5-43所示。

图5-42

"碰撞标志"与"自碰撞标志"提供了"Edge"（边）和"Vertex"（点）模式，如图
5-44所示。

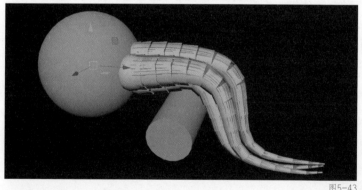

图5-43

图5-44

选择"Edge"模式时碰撞以曲线的边为碰撞边界，这种模式计算精度高但速度稍慢，如
图5-45所示。选择"Vertex"模式时碰撞以点为边界进行计算，这种模式解算速度快但精度
低，如图5-46所示。

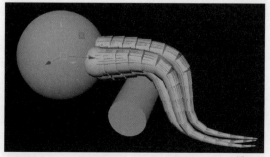

图5-45

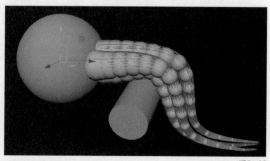

图5-46

"碰撞强度"为1时毛发参与碰撞，值为0时毛发不参与碰撞，如图5-47所示。

碰撞偏移控制参与碰撞时毛发的体积，数值越大，毛发与碰撞体的距离越远，如图5-48所示。增大该数值可以避免毛发穿插到模型内部。

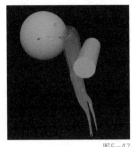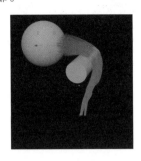

图5-47   图5-48

"反弹"用于设置毛发碰撞时弹力的大小。"摩擦力"用于设置毛发运动时摩擦力的大小。"静电吸附"用于设置毛发之间的吸引力，设置该参数需要开启"自碰撞"属性。

知识点 7 毛发节点——动力学特性与力属性

"动力学特性"属性栏中提供了丰富的优化毛发动态的参数，如图5-49所示。

"开始帧"记录当前毛发系统动力学解算的起始帧。"当前时间"显示当前播放的帧数。

"拉伸阻力"可以增大毛发的拉伸力，避免毛发在运动时变长，如图5-50所示。拉伸阻力越小，毛发越容易变形拉长。

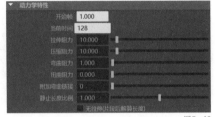

图5-49

"压缩阻力"用于设置毛发抵制外部压缩力的强度，数值越大，毛发张力越强。

"弯曲阻力"用于设置毛发弯曲的程度，数值越大，毛发越不易弯曲，如图5-51所示。

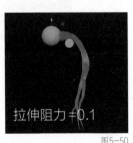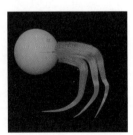

图5-50   图5-51

"扭曲阻力"用于设置毛发运动时，抗扭曲的强度，数值越大，毛发越不容易扭曲，如图5-52所示。适当的扭曲值可以修正毛发的动态，但数值过大会导致毛发抖动、动态不自然等问题。

"附加弯曲链接"用于设置毛发尖端链接的范围，数值越大，尖端链接的范围越大，毛发越不容易弯曲和扭曲。

"静止长度比例"用于设置毛发的长度缩放，数值越大，毛发越长，反之毛发越短，效果如图5-53所示。

图5-52

静止长度比例=1　　静止长度比例=0.1

图5-53

刚度比例属性通过渐变图像影响毛发从根部到发尖的软硬度，渐变图像左边控制根部，右边控制发尖，如图5-54所示。控制点上移毛发变硬，控制点下移毛发变柔软。

图5-54

开启"开始曲线吸引"属性时，毛发会保持默认的弯曲状态，可以很好地保持发型。吸引比例属性通过渐变图像，精确控制从毛发根部到发尖的吸引强度，如图5-55所示。

渐变图像左边代表根部，右边代表发尖。控制点上移毛发更固定，运动时毛发不会摆动变形；控制点下移，毛发固定强度变弱，运动时毛发会变形。效果如图5-56所示。

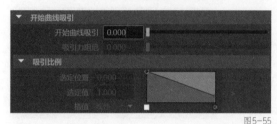

图5-55

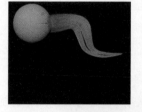

图5-56

力属性可以为毛发施加外部的阻力，约束或削弱毛发的动态，是优化毛发动态非常重要的属性，如图5-57所示。

"质量"可以设定毛发的质量，数值越大，毛发越重，反之毛发越轻盈。

图5-57

增大"阻力"值可以增大毛发与空气的阻力，减小毛发摆动的幅度。

"切向阻力"用于设置毛发沿切向或其形状方向移动时的阻力。

"运动阻力"用于设置毛发运动的剧烈程度，削弱因毛发过度运动产生的变形或抖动问题。

"阻尼"用于设置毛发变形的程度，数值越大，毛发运动时的变形越小。

"拉伸阻尼"用于设置毛发拉伸与收缩的强度，数值越大，毛发被拉伸后弹回的力度越小。

知识点 8 毛发节点——缓存

当角色毛发动态解算完毕后，需要将毛发的动态数据存储在磁盘上。存储毛发动态数据的过程就是创建毛发缓存。

创建毛发缓存非常重要。根据动画的制作流程，毛发完成动态解算后，就需要设置灯光材质和批量渲染。如果毛发没有创建缓存，每次观察毛发的动态效果，只能进行逐帧播放，不能跳帧播放，这会极大地占用制作时间。如果创建了毛发的缓存数据，播放动画时可直接读取毛发动态的缓存文件，不必进行长时间的CPU解算，可以随意跳帧观察毛发的动态。

创建毛发缓存的步骤如下：首先选择毛发或者大纲视图里的笔刷节点，再在菜单栏中执行"nCache-创建新缓存-nObject"命令，在打开的对话框中需要指定缓存目录，设置缓存名称。缓存目录的路径一定要在工程文件的"nCache"文件夹内，缓存名称不要使用中文或者纯数字，如图5-58所示。

图5-58

"缓存格式"一般保持默认的"mcx"即可。

"文件分布"一般选择"一个文件"选项，即将每一帧的缓存数据存储在一个文件内。

"缓存时间范围"提供了3种模式："渲染设置"根据渲染器批量渲染的时间帧范围来创建缓存，"时间滑块"根据当前时间线的播放范围来创建缓存，"开始/结束"模式可以自定义缓存的创建范围。

最后执行"创建"命令，经过一段时间的运算，毛发缓存就创建完毕了。随意拖动时间滑块就可以预览毛发的动态。

> **注意** 毛发缓存创建完毕后，播放动画时毛发的动态是通过读取磁盘上的缓存数据来呈现的，并非实时解算。修改毛发属性的参数时不会改变毛发的任何动态。如果需要再次修改毛发属性的参数，需要删除当前的毛发缓存。删除毛发缓存的步骤：首先选择毛发，再在菜单栏中执行"nCache-删除缓存"命令。

知识点 9 毛发节点——着色、颜色随机、置换属性

着色属性用于控制毛发的材质，如图5-59所示。

"头发颜色"用于控制毛发的基础颜色，默认为棕黄色。将该参数设置为红色，渲染效果如图5-60所示。

头发颜色比例属性通过一张渐变图像，从毛发的根部到发尖叠加渐变颜色，渐变图像的右边对应根部，左边对应发尖，如图5-61所示。

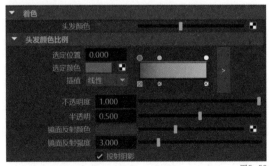

图5-59

图5-60

图5-61

"不透明度"用于设置毛发总体的透明程度,数值为1时毛发不透明,数值为0时毛发完全透明。"半透明"用于设置光线穿透毛发的程度,数值越大,毛发越柔和,如图5-62所示。

"镜面反射颜色"用于设置毛发高光的颜色。

"镜面反射强度"用于设置高光的强度,实际效果类似于光泽度。其数值越大,毛发高光面积越小、亮度越亮;数值越小,高光面积越大、亮度越暗。效果如图5-63所示。

半透明 =0.5

半透明 =1

图5-62

图5-63

在现实生活中毛发的颜色并不完全一样,存在不同的色彩变化。"颜色随机化"属性栏中提供了丰富的颜色随机参数,属性面板如图5-64所示。将所有随机参数都设置为0.2,设置前后效果对比如图5-65所示。

图5-64

图5-65

注意 Nhair 毛发除了自带的颜色属性,也支持其他渲染器的毛发材质,比如 Arnold 的 AiStandardHair 材质。

毛发太过于平顺会像尼龙制品，如图5-66所示。适度添加一点弯曲的效果（见图5-67），能够丰富毛发的细节，使CG的毛发显得更加真实。

置换属性可以实现每一根毛发细微的弯曲效果，如图5-68所示。常用的参数有以下几个。

  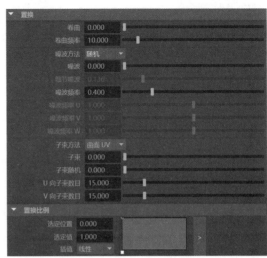

图5-66　　　　　　　　　图5-67　　　　　　　　　　　　　　　　　　图5-68

"卷曲"用于控制单根头发的卷曲程度。"卷曲频率"值越大，卷曲效果越明显。

"噪波方法"提供了3种方式："随机"方式可以使每一根毛发产生弯曲，适用于蓬松自然的头发；"曲面UV"方式是基于曲面UV分布的方式控制毛发的卷曲；"束UV"方式适用于每一束毛发卷曲的效果。"噪波"用于设置毛发噪波的强度。"细节噪波"可以添加次高频率噪波的数量。"噪波频率"增加会使毛发产生更精细的卷曲。

置换比例属性通过渐变图像，控制毛发根部到尖端置换强度。渐变图像左边控制毛发根部，右边控制毛发尖端。控制点上移，强度变大；控制点下移，强度变小。

第3节　Nhair综合案例——老人毛发

本节将通过一个案例讲解使用Nhair毛发系统创建人物胡须、头发等效果的知识，使读者掌握Nhair制作人物毛发特效的全流程。

知识点 1　文件整理

制作毛发特效时涉及场景文件、缓存等数据的存储。为了避免文件出错，在开始制作之前需要指定工程文件"Class_05_FX_Hair/Nhair"，并打开场景文件"laoren_nhair.mb"，如图5-69所示。

当前场景有一个带动画的老人模型，还有4个代表头发、眉毛、胡须的曲线组，曲线没有动画，如图5-70所示。

本案例需要基于场景中的曲线生成毛发，并完成毛发动力学模拟。

图5-69

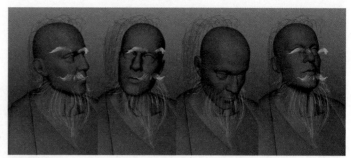

图5-70

知识点 2 胡须毛发形态制作

根据Nhair的基础知识，毛发是基于曲线生成的。首先在大纲视图里选择胡须的曲线组"huCVg"并加选头部模型，在菜单栏中执行"nHair-动力学化选定曲线"命令，将胡须的曲线动力学化。然后选择输出曲线组，在菜单栏中执行"nHair-将Paint Effects笔刷指定给头发"命令，为输出曲线添加毛发效果，如图5-71所示。

毛发节点创建完毕后就可以制作毛发形态。选择"hairSystem1"毛发节点，打开其属性面板。增大"每束头发数"的数值，以体现胡须的浓密；设置"束宽度"值，调整胡须的体积与每一束胡须的结构；增大"稀释"值，使胡须长短不一。效果如图5-72所示。

图5-71

图5-72

胡须相对比较蓬松，每一束胡须的尖端需要稍微松弛一点，可通过将"束宽度比例"属性栏中尖端的控制点上移实现；将"束卷曲"属性栏中毛发尖端的控制点上移，使每一根胡须都产生一点弯曲，既可以增加形态上的细节，也可以避免胡须太过顺滑而像尼龙制品。为了丰富胡须细节，可以微调一下束插值，让每一束毛发都具有微弱的随机性，从而使毛发拥有更多层次。最终效果如图5-73所示。

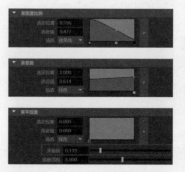

图5-73

知识点 3 胡须毛发动态模拟

胡须形态制作完毕后，就可以开始动态模拟。播放动画观察效果，发现毛发会受重力影响而下垂，部分毛发穿插到了衣服模型内部，如图5-74所示。

图5-74　　　　　　　　　　　　　　图5-75

毛发穿帮的原因是衣服模型未设置碰撞，此时需要选择衣服模型，在菜单栏中执行"nCloth-创建被动碰撞对象"命令，将衣服模型设置为碰撞体，再次播放动画观察效果，毛发就与衣服产生了碰撞，如图5-75所示。

本案例角色的动画是从100帧开始的，毛发的动力学解算要与动画同步，所以需要将解算器的"开始帧"设置为100，如图5-76所示。

图5-76

此时播放动画可以观察到，毛发非常柔软，而且摆动的幅度非常大，几乎遮挡了角色面部，如图5-77所示。

图5-77

这个动态是不合理的，真实的环境中胡须的发质非常硬，在运动时毛发根部一般不会移动，只有毛发尖端会产生微弱的弯曲变形。模拟这类发质偏硬的动画，需要将毛发节点里的"开始曲线吸引"值设置为1或更大的数值，还需要将"吸引比例"控制毛发根部与中部的值调大，如图5-78所示。

图5-78

开启"开始曲线吸引"属性可以使毛发在运动时保持大体形状不变，它是角色模拟时常用的属性。此时播放动画可以观察到，胡须在运动时形态保持合理，只有尖端有弯曲的动态，如图5-79所示。

图5-79

胡须的动态基本合理，但是还需要完善动态细节。比如角色毛发在运动时有拉伸变长问题，需要增大"拉伸阻力"值；胡须发质比较硬不太容易弯曲，需要增大"弯曲阻力"值，如图5-80所示。

增加胡须的重量（"重量"为"质量"的俗称）感，需要增大"质量"值；减小胡须摆动的幅度，可以增大"阻力"值；胡须在运动时有轻微抖动的问题，可以适当增大"阻尼"值减弱抖动，如图5-81所示。

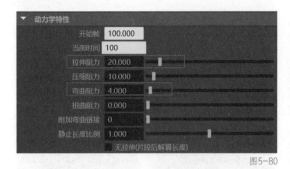

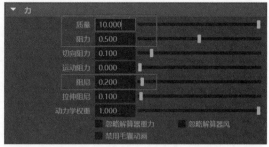

图5-80　　　　　　　　　　　　　　　　　　　　　　　　　图5-81

　　经过上述步骤的优化，就完成了胡须的动力学模拟，最终动态效果如图5-82所示。

　　动力学模拟完成之后，还需要为当前毛发系统的动态创建缓存，将动态数据存储在磁盘上，以便于后续制作，如图5-83所示。

图5-82　　　　　　　　　　　　　　　　　　　　　　　图5-83

知识点 4　眉毛制作

　　眉毛的制作流程与胡须的一致，首先创建毛发节点，再调节毛发形态，最后模拟动态。毛发节点创建完毕后进入毛发形态的制作阶段。眉毛的毛发密度不如胡须，只需要将"每束头发数"设置为10，其他参数根据眉毛的特性适当调整即可。眉毛的最终效果如图5-84中的右图所示。

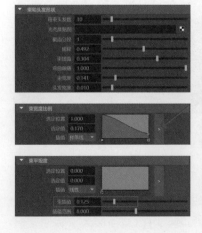

图5-84

眉毛的形态制作完毕后就可以开始模拟其动态。眉
毛的发质很硬并且长度很短，角色在运动时，眉毛几乎
没有明显的弯曲动态。在进行动力学解算时，只需要增
大"开始曲线吸引"值，并将"吸引比例"属性栏中控

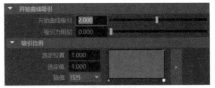

图5-85

制毛发尖端的控制点上移，使毛发在动力学解算时被牢牢固定即可，如图5-85所示。

眉毛最终的动态效果如图5-86所示。同样，动力学模拟完成之后，将眉毛的动态数据存
储在磁盘中。

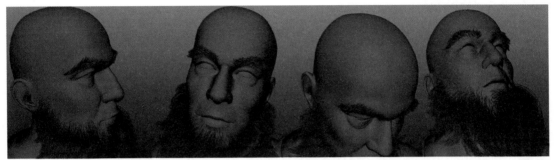

图5-86

知识点5 短胡须制作

短胡须的制作流程与眉毛的一致，首先创建毛发节点，再调节毛发形态，最后模拟动态。
短胡须的毛发密度较大，毛发长短不一，每一束短胡须都有体积且尖端形成尖角状。根据这
些特性适当调整参数，最终形态如图5-87中的右图所示。

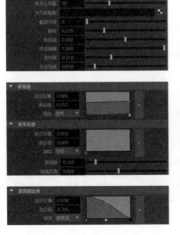
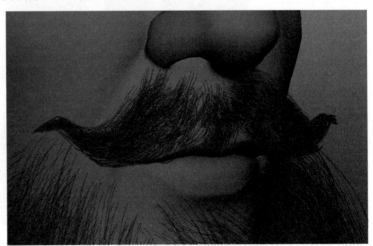

图5-87

短胡须的形态制作完毕后要模拟其动态。胡须的发质很硬并且长度很短，角色在运动时，
胡须几乎没有明显的弯曲动态。在进行动力学解算时，只需要增大"开始曲线吸引"值，并
将"吸引比例"属性栏中控制毛发根部与中部的控制点上移，使毛发在动力学解算时被牢牢
固定即可，如图5-88所示。

最终短胡须的动态如图5-89所示。完成动态模型后创建缓存，短胡须就制作完成了。

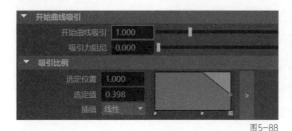
图5-88

图5-89

知识点6 头发制作

头发的制作流程与其他毛发的一致，首先创建毛发节点，再调节毛发形态，最后模拟动态。

创建毛发节点的步骤如下：选择头发的曲线组再加选头部模型，如图5-90所示。在菜单栏中执行"nHair－动力学化选定曲线"命令，将头发的曲线动力化。再选择输出曲线组，在菜单栏中执行"nHair－将Paint Effects笔刷指定给头发"命令，为输出曲线添加毛发效果。

设置"每束头发数"，增大头发的密度；设置"稀释"值，使发尖产生参差不齐的效果；设置"弯曲跟随"值，使每束头发的尖端实现扁平的效果；设置"束宽度"保持每束毛发的体积，且能覆盖整个头皮；每束头发尖端会形成明显的尖状，需要将"束宽度比例"属性栏束尖端的控制点下移，再适当添加一点卷曲效果和随机效果，头发部分

图5-90

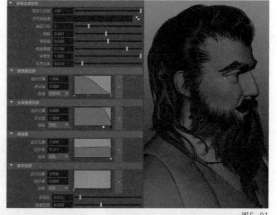
图5-91

就制作完了，如图5-91所示。

头发形态制作完成后，开始制作头发的动态效果，播放的动画如图5-92所示。

图5-92

注意　为了使播放速度更快，暂时隐藏了眉毛与胡子。

通过动画预览可以看出，头发动态不合理且穿帮严重，需要设置头发与身体的碰撞关系。选择身体模型，在菜单栏中执行"nCloth－创建被动碰撞对象"命令，使头发与身体产生碰撞。

为了避免碰撞造成发根产生抖动的问题，需要选择头部模型，在菜单栏中执行"nCloth-绘制顶点特征-碰撞强度"命令，将发根区域绘制成黑色，如图5-93所示。

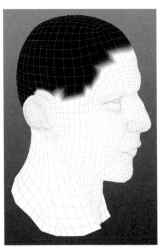

图5-93

> **注意** 在制作动画时，为了保持角色发型不变，经常需要开启毛发的"开始曲线吸引"属性来锁定毛发。但是设置毛发与身体碰撞后，对于被锁定的毛发，既要计算碰撞信息又要计算锁定的信息，毛发根部就会发生抖动。将头部模型的碰撞强度绘制成黑白色，黑色代表不参与碰撞，白色代表参与碰撞，就可以避免头发根部的抖动。

为了得到精确的碰撞效果，还需要开启毛发的"自碰撞"属性，如图5-94所示。

图5-94

设置完碰撞相关的参数，播放动画的效果如图5-95所示。当前角色的毛发与身体模型有了碰撞效果，并且毛发与毛发之间也产生了碰撞效果。但是毛发摆动的幅度很大，动态较乱，并不符合真实毛发的动态。

图5-95

为了保持基本的发型，需要开启"开始曲线吸引"属性，并将"吸引比例"属性栏中控制毛发根部与中部的控制点上移，使毛发的根部与中部区域固定。毛发的尖端部位需要自然弯曲变形，并不需要固定，要把控制尖端区域的吸引比例调整为0，如图5-96所示。

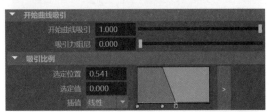

图5-96

设置完开始曲线吸引属性后，可以看到毛发在运动时能够很好地保持大部分形态，但是毛发末梢摆动的幅度较大（见图5-97），需要进一步优化毛发的动态。

图5-97

毛发摆动的幅度太大，可以增大解算器的"时间比例"值，让毛发跟上人物动画的节奏；将"空间比例"调小或将"质量"调大都可以增加毛发的重量感；增大"阻力"的值可以减小毛发摆动的幅度；适当增大"阻尼"可以减弱毛发的抖动。参数设置如图5-98所示。

经过优化，头发最终的动态效果如图5-99所示。

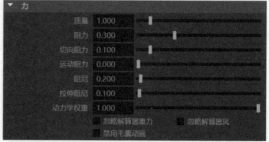

图5-98

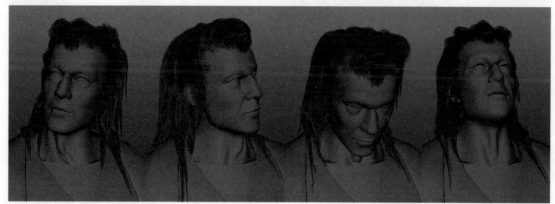

图5-99

完成毛发的动态模拟后，需要将动态数据以缓存的方式存储在磁盘上。选择毛发，在菜单栏中执行"nCache-创建新缓存-nObject"命令，如图5-100所示。缓存创建成功后，头发部分就制作完了。

本案例讲解了复杂毛发分类的方法、不同毛发形态的模拟技巧、毛发动力学模拟制作流程等知识，希望这些知识能够使读者理解CG角色毛发的制作流程，掌握Nhair毛发系统的使用方法。

图5-100

第4节　Xgen毛发系统

Xgen毛发系统是一款非常好的毛发插件，最早被运用在皮克斯动画工作室制作的动画电影《疯狂动物城》中。艺术家们使用这款毛发插件，塑造了许多经典的银幕角色。Maya自2016版本开始内置了Xgen这款插件。Xgen拥有灵活的毛发塑形工具，可以轻松地制作出各类复杂导向线的形态。它还拥有丰富的毛发控制节点，可以创造出丰富且细腻的毛发质感，并且动力学能够与Nhair系统兼容，是制作角色毛发特效常用的工具。

本节将讲解Xgen创建毛发节点、导向线编辑、毛发修改器和动力学模拟等知识，使读者掌握Xgen制作毛发的流程。

知识点 1　Xgen 创建毛发流程

在制作毛发时，一个角色拥有少则十几万根，多则上百万根毛发，计算机无法直接在巨量的毛发上进行编辑造型。Xgen系统首先需要创建出数量极少的曲线，用曲线勾勒毛发形态的轮廓。再基于曲线的形态生成数量更多的毛发，如图5-101所示。

图5-101

中间的画面为勾勒轮廓的曲线，也被称为导向线。导向线的长短和弯曲程度，可以控制周围毛发的长短和弯曲程度，所以创建毛发的第一步就是制作导向线。毛发生成后，再使用Xgen的毛发修改器来塑造毛发的成簇、卷曲、弯曲等质感。

知识点 2　创建毛发节点

将工作区切换至"XGen"模式（见图5-102），就可以打开Xgen属性面板。

在Xgen属性面板里有3种生成毛发的方式，如图5-103所示。"创建新描述"方式可以创建一套新的毛发系统，"导入集合或描述"方式可以将创建好的毛发系统导入当前场景中，"从库导入预设"方式可以打开Maya提供的丰富的毛发预设效果。

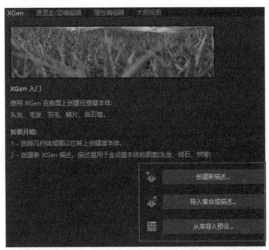

图5-102

图5-103

创建新的毛发系统需要选择模型，再单击"创建新描述"，在打开的"创建XGen描述"属性面板里，设置需要创建的毛发名称与毛发类型，如图5-104所示。

在"新的描述名称"文本框中可以定义当前毛发的名称。在"创建新集合并命名为"文本框中可以定义毛发组的名称。角色毛发的形态非常丰富，在制作时需要将多套毛发拼合在一起才能构成一个完整的毛发系统。比如将毛发组命名为"A"，将"新的描述名称"命名为"b"，如图5-105所示。

Xgen不仅可以创建长发，还能创建短毛、面片等形式。在"创建XGen描述"属性面板的第二栏可以选择需要的毛发类型，如图5-106所示。

图5-104

图5-105

图5-106

制作人物长发效果需要选择"样条线（用于长头发、藤等）"类型，效果如图5-107所示。

图5-107

制作动物的短毛效果，需要选择"可梳理样条线（用于短头发、毛发、草等）"类型，效果如图5-108所示。

图5-108

Xgen不仅可以制作毛发，还可以程序化地生成森林或是城市等复杂场景，如图5-109所示。创建这类效果可以选择"自定义几何体/归档文件（用于已创建的任何模型）"类型。

图5-109

制作大量鹅卵石或者岩石效果，可以选择"球体（用于鹅卵石、大理石或其他圆形对象）"类型；制作羽毛或者几何体面片，可以选择"卡片（用于缩放或其他平面纹理）"类型。

> 注意　在创建毛发时，需要创建规范的工程文件，含有中文路径的工程或者场景文件，会导致毛发生成时出错。用于创建毛发的模型必须要有UV信息，否则无法正确生成毛发。

毛发的分布方式有3种选择（见图5-110）："随机横跨曲面"方式可以让毛发在模型表面随机分布，"以统一的行和列"方式可以让毛发均匀地分布在模型表面，"在指定的点"方式可以在选定的点或面生成毛发。

图5-110

控制毛发的方式也有3种（见图5-111）："放置和成形导向"方式可以通过编辑导向线来控制毛发的形态，是最常用的方式；"使用由表达式控制的属性"方式需要通过编辑表达式来控制毛发形态；"使用梳理工具"方式，在制作短毛的时候，会自动开启该选项，并激活丰富的编辑导向线的梳理工具。

图5-111

知识点3　导向线的创建与编辑

毛发节点创建成功后，Xgen会显示毛发属性面板，如图5-112所示。

在"基本体属性"栏可以设置毛发的密度、分布区域和平滑等毛发基本形态。在"预览/输出"属性栏可以设置毛发的显示密度、批量渲染等。"修改器"属性栏中拥有众多毛发形态细化节点，是调节毛发形态的重要属性栏。"梳理"属性栏可以在制作短发模式时，提供丰富的梳理短发导向线的工具。"工具"属性栏中提供了许多辅助编辑长发导向线的工具。用户在

"表达式"属性栏可以添加自定义的属性，并通过表达式控制该属性。

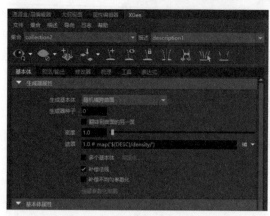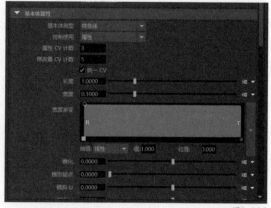

图5-112

创建毛发的第一步是创建导向线。单击Xgen工具架上的"创建导向线"工具，鼠标指针会切换成创建导向线状态，在模型上单击就可以创建出导向线，如图5-113所示。

导向线可以被选择、旋转、缩放，利用这个特点可以编辑导向线的长度与方向，如图5-114所示。但是导向线不支持移动功能。

为进一步丰富导向线的形态，可以选择Xgen工具架上的"雕刻导向"工具，如图5-115所示。

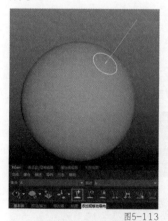

图5-114

图5-113

图5-115

单击"雕刻导向"工具后，鼠标指针会变成圆圈状，在导向线上拖曳就可以更改导向线的形态，如图5-116所示。

使用"雕刻导向"工具时，按B键的同时拖曳鼠标左键可以更改笔刷半径的大小，如图5-117所示。

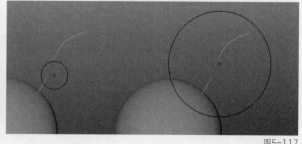

图5-116

图5-117

在默认情况下，导向线不够平滑，这是因为曲线的分段数太少，如图5-118所示。

分段数太少无法编辑复杂的造型，所以在编辑导向线时经常需要增加分段数。在"基本体属性"栏中单击"重建导向"按钮可以增加导向线的分段数，如图5-119所示。

选择需要细分的导向线，单击"重建导向"按钮，打开"重建导向"对话框，将默认的CV计数5改为12，此时导向线就变得更加平滑了，如图5-120所示。

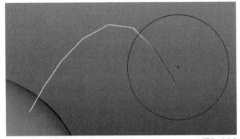

图5-118

图5-119

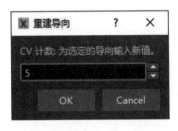 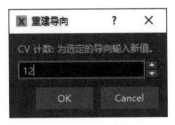 

图5-120

除了雕刻导向工具可以编辑导向线以外，在Xgen"工具"属性栏里还有很多辅助工具，如 复制导向 可以提高编辑导向线的效率，如图5-121所示。

下面介绍两个常用的工具。第一个是"复制导向"，它可以将一条导向线的弯曲与长度信息，复制给另一条导向线。单击打开"复制导向"，首先选择一条导向线，单击"复制"按钮，再选择另一条导向线，单击"粘贴"按钮，被粘贴的导向线就获得了同样的弯曲和长度效果，如图5-122所示。

图5-121

图5-122

第二个是"目标导向"工具。毛发的很多结构是成束的，导向线也需要制作出成束的结构。"目标导向"工具可以快速地实现这类效果。单击打开"目标导向"，首先选择一条导向线，单击"设定目标"，将该导向线设置为参考目标，再选择其他导向线，单击"移动选定导向"，其他导向线就将毛发尖端与目标导向靠近，如图5-123所示。

图5-123

119

在编辑过程中，镜像功能也十分常用。角色的发型很多是左右对称的，镜像功能可以大大提高导向线的制作效率。首先选择需要镜像的导向线，如图5-124所示。再单击Xgen工具架上的"镜像"工具，此时就完成了导向线镜像效果的制作，如图5-125所示。

图5-124

图5-125

注意 模型的位置必须在网格中心，并且模型的结构以原点为中心左右对称，否则镜像会出错。

知识点4 毛发的生成与编辑

导向线编辑完成后，单击Xgen工具架上的"更新XGen预览"工具，就可以显示毛发效果，如图5-126所示。

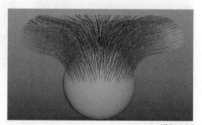
图5-126

注意 导向线的数量要不少于两根才能生成毛发。

毛发在模型表面是随机分布的，更改"生成器种子"的参数，可以改变毛发的分布；"密度"控制毛发的数量，如图5-127所示。

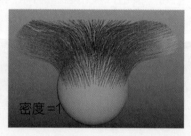
密度=1
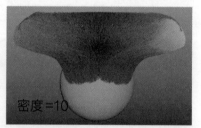
密度=10
图5-127

遮罩属性可以通过一张黑白图控制毛发分布的区域，白色代表生长毛发，黑色代表不生长毛发。创建黑白图的步骤如下。首先单击"遮罩"后面的下三角形按钮，在弹出的下拉列表中选择"创建贴图"，如图5-128所示。

图5-128

在打开的"创建贴图"对话框中设置"贴图名称"和"贴图分辨率"，然后单击"创建"按钮，就为遮罩属性设置了一张密度图，再使用笔绘制一张黑白贴图用于控制毛发密度，如图5-129所示。

贴图绘制完毕后单击"保存"按钮，毛发就在白色区域分布了，如图5-130所示。

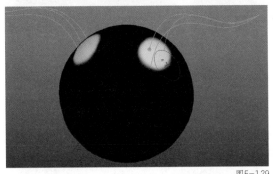

图5-129

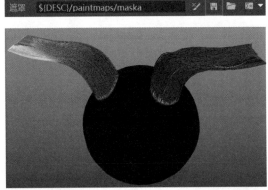

图5-130

默认每一根毛发并不平滑，这是因为毛发的分段数太少。用户可以增大"修改器CV计数"的值使毛发更平滑，如图5-131所示。

图5-131

"宽度"可以控制每一根毛发的粗细，如图5-132所示；"宽度渐变"图像可以控制每一根毛发从根部到尖端两点的粗细缩放，渐变图像的左边控制根部粗细，右边控制尖端粗细，如图5-133所示。

图5-132

图5-133

区域控制属性的功能是根据一张颜色图，划分导向线控制的区域，如图5-134所示。

"区域遮罩"的值为1代表开启区域控制，0代表关闭区域控制。

"区域贴图"可以绘制一张彩色图，划分导向线的控制区域。绘制贴图时需要单击"区域贴图"后面的下三角形按钮，在弹出的下拉列表中选择"创建贴图"。

在打开的对话框里设置贴图的名称、分辨率、颜色。默认基础颜色为红色，如果需要划分控制区域，则可设置为蓝色或黄色，亦可以设置为更多颜色，如图5-135所示。

绘制完毕并保存贴图，毛发会根据颜色区域内的导向线生长，如图5-136所示。

图5-134

图5-135

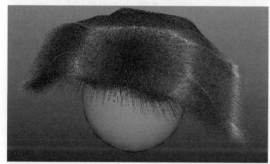

图5-136

知识点 5 毛发修改器

　　导向线只能控制毛发的长短与弯曲变化。毛发成簇、卷曲等细节则要通过"修改器"属性栏中的各种节点来制作。单击"修改器"面板中的"添加修改器窗口"按钮，可以打开节点的面板，如图5-137所示。

　　"添加修改器窗口"里的部分节点是专门用于控制毛发造型的，下面将介绍几个重要的造型节点。单击"成束"节点，弹出的属性面板如图5-138所示。

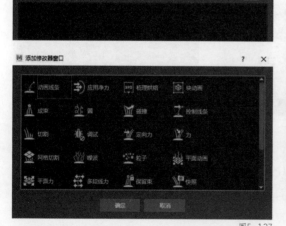

图5-137

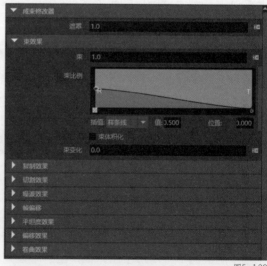

图5-138

　　"成束"节点可以让毛发沿着导向线形成一簇毛的结构。设置"遮罩"值可以控制毛发成簇效果的开启或关闭，用户也可以通过绘制黑白图，使用"遮罩"得到更加丰富的成簇变化；"束"可以控制毛发成簇后的强度；"束比例"可以控制束的缩放，控制点下移毛发向内收缩，控制点上移毛发向外扩张，左边的控制点影响毛发根部，右边的控制点影响毛发尖端。成簇效果如图5-139所示。

使用"成束"节点时，需要单击"设置贴图"设置成簇的参考线。

"圈"节点控制毛发的卷曲度，面板如图5-140所示。

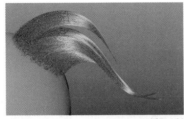

图5-139　　　　　　　　　　　　　　　　　图5-140

"遮罩"控制毛发卷曲功能的开启与关闭。"计数"用于设置毛发卷曲的数量。"计数比例"通过渐变的方式控制根部到尖端的计数缩放，控制点下移计数减少，控制点上移计数增加，左边的控制点影响毛发根部，右边的控制点影响毛发尖端。

"半径"用于设置卷曲的半径大小，控制点下移卷曲半径变小，控制点上移卷曲半径变大，左边的控制点影响毛发根部，右边的控制点影响毛发尖端。

比如将"计数"值设置为4，将"半径"值设置为1，效果如图5-141所示。

"噪波"节点可以让每一根毛发产生随机的弯曲效果，面板如图5-142所示。

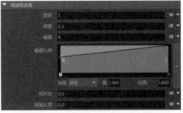

图5-141　　　　　　　　　　　　　　　　　图5-142

"遮罩"控制噪波效果的开启与关闭，值为1时开启，值为0时关闭。"频率"用于设置毛发弯曲的数量：值越大，毛发产生的弯曲越多；值越小，毛发产生的弯曲越少。"幅值"用于设置毛发弯曲的强度，值越大，弯曲越强；值越小，弯曲越弱。"幅值比例"通过一个渐变图像控制毛发从根部到尖端的弯曲强度，左边的控制点控制根部，右边的控制点控制尖端，控制点上移弯曲强度增大，控制点下移弯曲强度减小，如将"噪波"节点的"频率"设置为0.3，"幅值"设置为4，毛发就产生了弯曲的效果，如图5-143所示。

"切割"节点可以将毛发裁切出长短不一的效果，面板如图5-144所示。"遮罩"控制切割效果的开启与关闭，值为1时开启，值为0时关闭。"数量"可以设置裁剪的范围。

图5-143

图5-144

将"数量"里的随机函数rand的取值范围设置为0~1，让每一根毛发在0~1范围内随机取一个值作为裁剪的长度，毛发就有了参差不齐的效果，如图5-145所示。

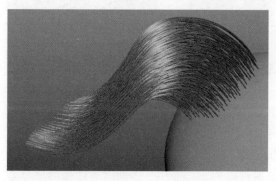

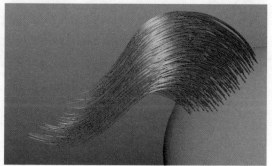

图5-145

以上是控制毛发细节常用的节点，通过这些节点的搭配可以实现丰富且细腻的质感效果。

知识点6　动力学模拟

角色使用Xgen制作完毛发形态后，还需要制作毛发动态。毛发动态模拟的步骤如下：首先将导向线转化为CV曲线，再使用Nhair系统解算曲线动态，最后使用动态曲线的缓存数据驱动毛发运动。

导向线转化为CV曲线的方法如下。

首先选择导向线，再单击"工具"栏里的"导向到曲线"，如图5-146所示。

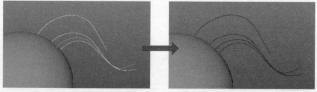

图5-146

将转化来的CV曲线加选模型，在菜单栏中执行"nHair-动力学化选定曲线"命令，得到动态曲线，如图5-147所示。

在大纲视图里会出现解算器、毛发节点、动态曲线节点，如图5-148所示。

解算器节点与毛发节点可以优化曲线的动态效果，动力学模拟的具体操作可以参考Nhair动力学部分的内容。最终动态效果如图5-149所示。

曲线的动态设置合理后，可以将当前的动态曲线以ABC文件格式导出。首先选择动态曲线，再在菜单栏中执行"缓存-Alembic缓存-将当前选择导出到Alembic"命令，如图5-150所示。

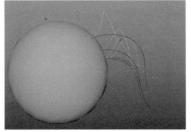

图5-147　　　　　　　　　　图5-148

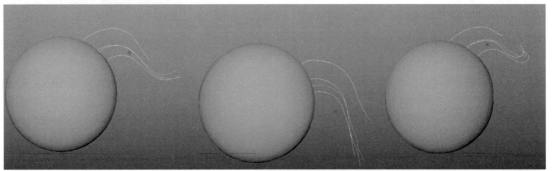

图5-149

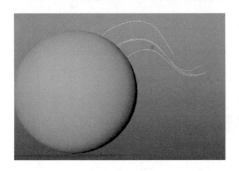

图5-150

最后一步驱动毛发运动。在"基本体"的"导向动画"里，勾选"使用动画"，取消勾选"实时模式"。再在"缓存文件名"中读取曲线的ABC文件，如图5-151所示。播放动画，毛发就可以跟随ABC格式的动态曲线一起运动了，如图5-152所示。

图5-151

图5-152

第5节 Xgen综合案例——女性角色发型

本节将讲解女性角色发型的制作，使读者掌握角色毛发的制作流程、导向线编辑技巧和修改器表现写实毛发的方法等知识，案例效果如图5-153所示。

图5-153

知识点 1 案例分析

案例中角色的发型效果非常复杂，不同区域的毛发结构不同，质感也不同。由于软件功能的局限，我们无法使用一套毛发节点制作出所有的毛发，而是需要根据毛发结构的特点，将其拆分为若干小部分进行制作，最后再拼接到一起。

拆分毛发的思路对于制作复杂的发型非常重要，拆分为独立的小单元可以更灵活地控制毛发的形态，更方便地制作毛发的动力学模拟。比如当前角色鬓角部位的毛发层次不齐，可以使用"裁剪"节点来调整，而中间部位的毛发则不需要制作；两侧的一缕毛发在角色运动时会产生摆动的效果，需要动力学模拟；而中间部位的毛发被牢牢固定，不会产生动态效果，不需要进行动力学模拟。

根据当前角色的特点，可以将发型分为5个小部分进行制作，如图5-154所示。

图5-154

知识点 2 文件整理

Xgen在制作毛发时，对文件的路径要求非常苛刻，工程文件的路径不规范或者文件命令不规范都会导致毛发无法生成。在制作毛发时首先要创建工程目录，工程文件的路径与名称不能包含中文和纯数字，切记这一点非常重要。

将本节的角色文件复制至工程的"cache"文件夹内，并导入Maya中。

通过场景文件可以看出这是一个女性角色跳舞的动画，需要制作角色的毛发形态，并且完成毛发动态模拟。首先复制一个新的模型，删除身体与口腔部位，只保留头皮部位的模型用于生长毛发。制作Xgen毛发时模型还需要拥有规范的UV，使用UV工具将头皮模型UV展开，并且放置在UV坐标系的0～1范围内，如图5-155所示。

将这个模型命名为"A"，模型处理完毕后，保存当前场景，下一步就可以开始制作毛发。

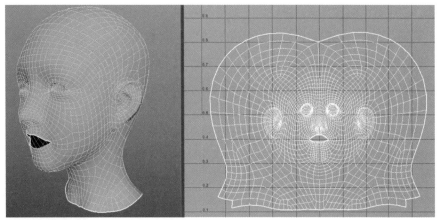

图5-155

知识点3 导向线创建与编辑

选择"A"模型，在XGen面板中单击"创建新描述"，如图5-156所示。

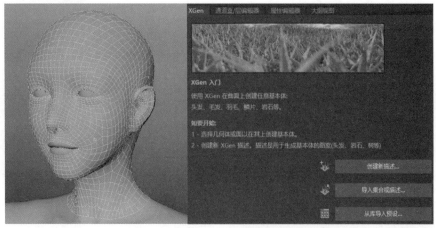

图5-156

在"创建XGen描述"对话框中，设置"新的描述名称"为"Ahair"，设置"创建新集合并命名为"为"mm"，生长类型选择"样条线"，"生长基本体"选择"随机横跨曲面"，"基本体的控制方式"选择"放置和成形导向"，最后单击"创建"按钮，如图5-157所示。

图5-157

毛发节点创建完毕后就可以开始进行导向线的创建与编辑。在开始编辑之前要观察XGen面板里显示的当前编辑毛发节点名是否正确，例如"集合"显示的是整套毛发的名称"mm"，"描述"显示的是局部的毛发节点名称"Ahair"，如图5-158所示。

图5-158

选择导向线编辑工具 ，在角色头部单击并创建一条导向线，再使用导向线雕刻工具 调整导向线的造型，如图5-159所示。

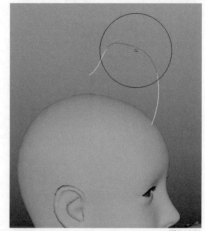

图5-159

这一部分为发型的主体部分，需要使用导向线勾勒出头发汇聚到顶部的结构，还需要实现轮廓的美感。为了提高效率，可以先完成左边的导向线，再镜像出右边的导向线。

单条导向线的编辑方法如下：先在发际线处摆放导向线，再缩放导向线的长度使之与头发长度一致，最后使用雕刻工具调节出导向线的弯曲结构。导向线的主要任务是勾勒毛发的长度与走向，数量不宜过多。最终导向线的效果如图5-160所示。

图5-160

其他部分的毛发需要单独创建新的毛发节点，并制作独立的导向线系统。在现有毛发的基础上创建新的毛发节点，需要在XGen面板中执行"描述-创建描述"命令，如图5-161所示。

在"创建XGen描述"对话框中设置第二套毛发的名称为"Bhair"并将其归类到之前的集合中。类型选择"样条线"，生成方式选择"随机横跨曲面"，控制方式选择"放置和成形导向"，如图5-162所示。

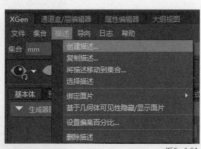

图5-161

图5-162

其他部分头发的制作方法同上，要点不同。这部分主要表现顶部头发，顶部头发正面呈扇形，侧面呈反"β"形，最终效果如图5-163所示。

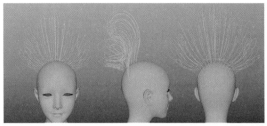

图5-163

盘绕部分的头发、顶部第二部分的头发、两侧的头发和鬓角部分都需要使用新的毛发节点创建，最终效果如图5-164~图5-167所示。制作鬓角部分时需要注意鬓角的长短变化。

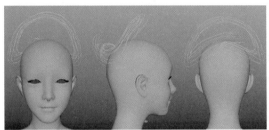

图5-164

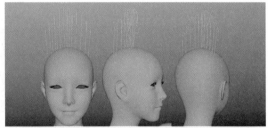

图5-165

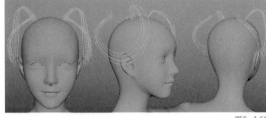

图5-166

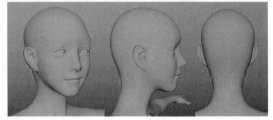

图5-167

此时就完成了导向线部分的制作。导向线的编辑工具很简单，但是要注意导向线结构、层次、长短和位置的变化。准确的导向线是制作好头发的前提。

知识点4 毛发形态生成

在上一知识点完成了导向线的制作，下面将制作初步的毛发形态。由于整个毛发是由多套局部的毛发拼接起来的，在编辑毛发形态时也需要每一套单独进行。编辑时需要注意大纲视图的切换，保证编辑的毛发与节点一致，如图5-168所示。

图5-168

首先制作"Ahair"节点的毛发。为了得到浓密的毛发效果，可以将当前毛发的"密度"值设置为50。由于毛发生长在特定区域，需要一张密度图控制毛发的分布，单击"遮罩"右侧的下三角形按钮，在弹出的下拉列表中选择"创建贴图"。具体如图5-169所示。

图5-169

将密度贴图按照毛发生长区域绘制成一张黑白图，需要注意发际线的合理位置，如图5-170所示。

默认毛发分段数不够多，毛发不够平滑，为了表现毛发柔顺的质感，需要增大"修改器CV计数"值，例如将该值设置为24；如果需要表现发丝的精细，则将"宽度"值调小，例如将"宽度"值设置为0.02或更小的值。具体如图5-171所示。此时就得到了Ahair部分毛发的初步形态，如图5-172所示。

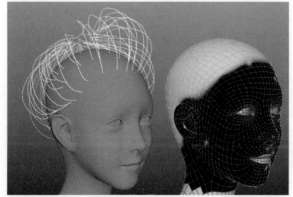

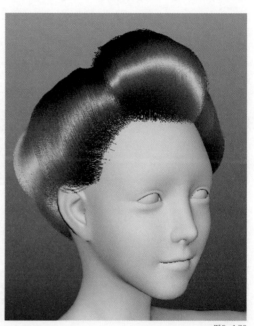

图5-170

图5-171

图5-172

顶部毛发形态的编辑与上一步骤一样，首先增大"密度"值，以得到浓密的头发，例如将"密度"值设置为200。再通过"遮罩"创建一张贴图，并将贴图的颜色设置为黑白色，用于控制毛发的分布。具体如图5-173所示。

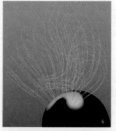

图5-173

这一部分的毛发弯曲幅度比较大，毛发需要足够多的分段才能表现弯曲的细节，需要将"修改器CV计数"值设置为36或者更大的数值。为了体现精细的发丝效果，需要将"宽度"值设置为更小的数值，例如将"宽度"值设置为0.02。具体如图5-174所示。

图5-174

两侧毛发形态的编辑与上一步骤一样，首先增大"密度"值，以得到浓密的头发，例如将"密度"值设置为300。再通过"遮罩"创建一张贴图，并将贴图的颜色设置为黑白色，用于控制毛发的分布。具体如图5-175所示。

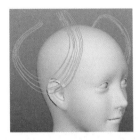

图5-175

这一部分毛发的弯曲幅度较大，毛发需要足够多的分段才能表现弯曲的细节，需要将"修改器CV计数"值设置为42或更大的数值。为了体现精细的发丝效果，需要将"宽度"值设置为更小的数值，例如将"宽度"值设置为0.02。具体如图5-176所示。

图5-176

剩下的毛发制作方法与上述步骤一致，至此毛发初步形态制作完毕，效果如图5-177所示。

图5-177

知识点5 修改器优化细节

毛发初步形态制作完毕后，毛发的细节需要通过"修改器"里的各个节点来完善，这里以"Ahair"部分的毛发为例。

写实毛发的第一个明显特征是一定数量的毛发会拧成一股，形成簇的结构。模拟毛发成簇的结构需要添加"成束"节点。在"修改器"面板中单击"添加修改器窗口"按钮,可以打开节点的面板,再选择"成束"节点,如图5-178所示。

"成束"节点创建成功后,需要指定毛发成簇的参考线。选择"成束"节点,在面板里单击"设置贴图"按钮,在打开的对话框中设置导向属性,最后单击"保存"按钮,如图5-179所示。

图5-178

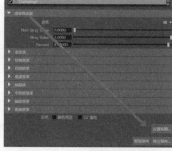

图5-179

这一部分毛发成簇的形态比较松弛,可以将"束"的值调小至0.8,调节"束比例"使毛发中间区域收紧,尖端与根部松弛,如图5-180所示。

现实中每一束毛发并不都是平顺的,会有一点弯曲的细节。可以开启"成束"节点的噪波效果,将噪波值由0调至1,调节"噪波比例"使毛发尖端与中部强度值增大,将"噪波频率"设置为0.5,如图5-181所示。

完成"成束"节点的设置后,效果如图5-182所示。

写实的毛发除了有大簇的效果,还有许多小簇的结构。小簇的模拟可以通过添加新的"成束"节点来实现,如图5-183所示。

图5-180

图5-181

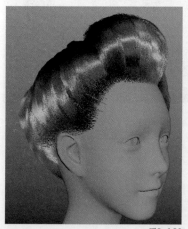
图5-182

图5-183

小簇的参数设置与大簇有所区别，小簇设置参考线时需要选择"生成"模式，并需要增大"密度"值，值越大，小簇的数量越多，比如将"密度"值设置为6，如图5-184所示。

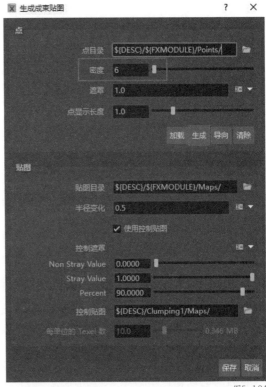
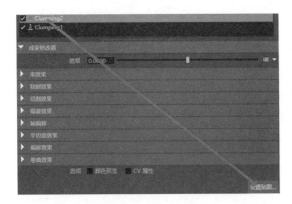

图5-184

为了体现小簇的形态，可以将"束比例"属性中控制中部与尖端区域的控制点下调，让毛发收缩变紧；再开启"噪波效果"让小簇拥有更多细节。具体如图5-185所示。

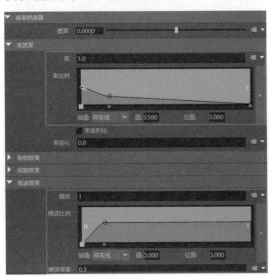
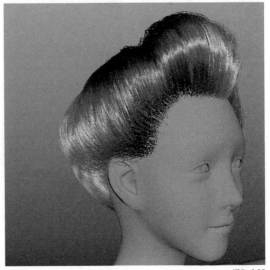

图5-185

现实中每一根毛发也有自身的弯曲度，可以在"修改器"中通过添加"噪波"节点来丰富弯曲的细节，如图5-186所示。

由于每一根毛发的弯曲程度是非常小的，所以在调节"噪波"节点的幅值时，幅值参数不宜过大，当前案例"幅值"设置为1或更小比较合适，如图5-187所示。

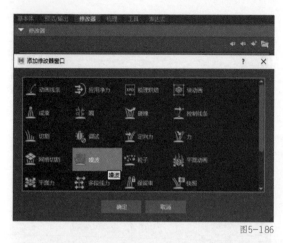

图5-186

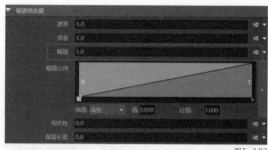

图5-187

通过添加"噪波"节点对比可以看出，每一根毛发产生了微小的弯曲，高光也表现得更加零碎，毛发整体显得更加有层次，也更加真实，如图5-188所示。

在现实的发型中，有极少的发丝没有被固定，会附着在主体发型外面。表现这类松散的发丝，可以通过添加"噪波"节点来实现。在"添加修改器窗口"里单击创建"噪波"节点，调整相关参数，如图5-189所示。此时每一根毛发都会有特别大的弯曲度。

接下来制作最关键的一步，通过"遮罩"创建一张贴图，并将贴图绘制成黑色多、白色呈点状分布的效果，如图5-190所示。

图5-188

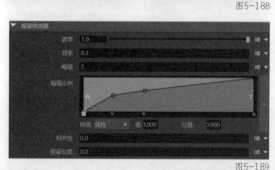

图5-189

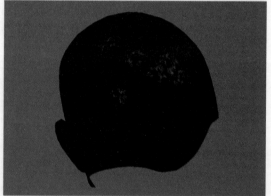

图5-190

在"遮罩"属性上创建一张贴图，贴图上黑色区域的表示毛发不受"噪波"节点的影响，白色区域的毛发受"噪波"节点的影响。绘制时在黑色区域内保留少量白色，可以使少量的毛发会受到"噪波"节点的影响，从而产生较大的弯曲效果，这样就产生了一些附着在主体发型外的发丝，如图5-191所示。

图5-191

以上是通过修改器里的节点，制作毛发细节的步骤。通过这些节点的共同作用，毛发拥有了大簇、小簇、弯曲和附着的发丝等效果。从没有添加修改器与添加修改器后的对比可以看出（见图5-192），修改器可以使毛发细节更加丰富，质感也更加真实。

图5-192

其他部分毛发制作细节的方法与上述部分一致，只是参数需要微调适配一下，最终效果如图5-193所示。

图5-193

知识点 6 灯光渲染

灯光渲染是检测毛发形态是否合理的非常重要的一步。布光方式建议使用三点光源，3盏区域灯光分别为主光源、辅光和轮廓光，如图5-194所示。

三点光源能够产生丰富的亮暗变化，可以将毛发形态中的大簇、小簇、弯曲等细节完美地呈现出来，如图5-195所示。由于毛发非常纤细，渲染时画面噪点太多会将部分毛发效果覆盖，所以在渲染时还需要增大灯光的采样与全局采样值，尽量降低噪点。

图5-194

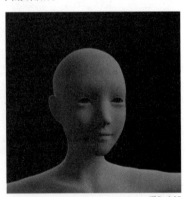

图5-195

在三点光源亮度调试完毕后，可以添加一盏环境灯光来提供更加丰富的照明光源，如图5-196所示。

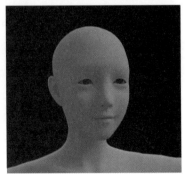

图5-196

灯光制作完毕后就可以开始制作毛发材质。打开材质编辑器，在Arnold材质库中选择"aiStandardHair"材质（见图5-197），并赋予所有毛发节点。

图5-197

当前角色的毛发为黑色发质，"aiStandardHair"材质的"Melanin"（黑色素）值保持为1即可，将"Roughness"（粗糙度）设置为0.2可以得到良好的光泽度，如图5-198所示。

最终渲染效果如图5-199所示。

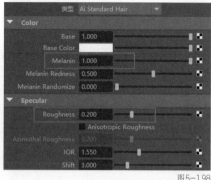

图5-198

图5-199

知识点7 动力学模拟

该发型的特点是大部分毛发已固定，角色在运动过程中，只有两侧的毛发会产生摆动的效果，动力学模拟只需要制作两侧的毛发即可，如图5-200所示。

动力学模拟步骤如下：首先选择两侧毛发的导向线，再选择"工具"栏中的"导向到曲线"工具，最后单击"创建曲线"按钮，就得到了该套毛发的曲线，如图5-201所示。

图5-200

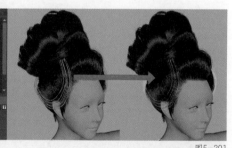

图5-201

选择这些曲线，再加选人物模型，在菜单栏中执行"nHair-动力学化选定曲线"命令，将曲线转化为动力学曲线，如图5-202所示。

图5-202

注意 为了提高解算速度，建议在不包含Xgen毛发系统的场景中进行动力学模拟。

曲线转化为动力学曲线后，在大纲视图中会多出解算器节点、毛发节点、输出曲线节点等。在进行动力学模拟时，首先需要选择解算器节点，再将解算器里的"开始帧"设置为-30，如图5-203所示。

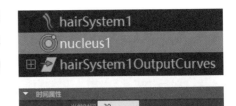

图5-203

角色的发型在运动时，既要有摆动的动画，又要保持基本的形态不变。核心的动力学参数是毛发节点的"开始曲线吸引"。将其设置为1，并将"吸引比例"中的渐变图像调节为"U"形，使尖端与根部的毛发锁定，中间部位能够运动，如图5-204所示。

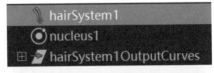

图5-204

头发运动时还需要与头部产生碰撞，需要选择头部模型，在菜单栏中执行"nCloth-创建被动碰撞对象"命令，将头部设为碰撞体，如图5-205所示。

图5-205

毛发与身体产生碰撞时，为了避免毛发穿插到身体内，需要将碰撞体的"厚度"值调大，让毛发在运动时与身体保持一定距离。例如将"厚度"设置为0.8。在测试厚度时，可以开启"解算器显示"功能，辅助观察厚度设置效果，如图5-206所示。

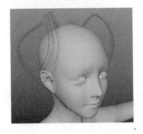
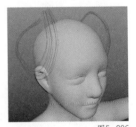

图5-206

毛发要得到理想的动态效果，还需要调节"动力学特性"里的各种参数，使毛发在摆动时具有一定的重量感、适中的柔软度、合理的摆动范围。例如在该案例中，为了增大毛发的硬度，将"弯曲阻力"设置为4；为了增加毛发的重量感，将"质量"设置为20；为了减小摆动的幅度，将"阻力"设置为1。详细的动力学参数可以参考Nhair部分的相关内容，最终完成曲线的动力学模拟的效果如图5-207所示。

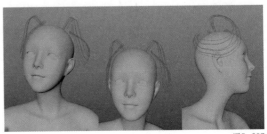

图5-207

曲线的动力学模拟完成后，选择动态曲线，在菜单栏中执行"缓存－Alembic缓存－将当前选择导出到Alembic"命令，并将动态曲线以ABC缓存文件格式导出，如图5-208所示。

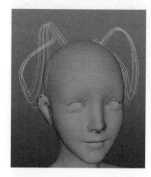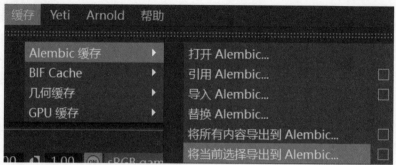

图5-208

回到Xgen毛发文件中，在对应的毛发节点里，加载动态曲线来驱动毛发的运动。选择两侧的毛发节点，在"导向动画"属性栏里的"缓存文件名"内，读取刚刚导出的ABC动态曲线文件，取消勾选"实时模式"，就完成了曲线驱动毛发运动效果的制作，如图5-209所示。

图5-209

图5-210

制作完动态曲线驱动毛发运动的效果后，播放动画或者批量渲染，就可以得到完整的毛发动画效果，如图5-211所示。

图5-211

本课练习题

填空题

（1）Nhair毛发系统的主要节点有 ＿＿＿＿＿＿＿＿＿＿＿＿＿。

  A.解算器节点　B.毛发节点　C.笔刷节点　D.原始曲线组　E.输出曲线组

（2）Nhair毛发系统动力学解算时主要观察＿＿＿＿＿＿＿＿＿＿曲线。

（3）Nhair毛发系统在进行毛发特效制作时，需要注意的基本原则有

  ＿＿＿＿＿＿＿＿＿＿＿＿＿。

  A.第一个原则：曲线上的顶点要分布均匀且数量适中

  B.第二个原则：场景的大小要接近现实场景的比例

  C.第三个原则：毛发与被动碰撞对象要同属于一个解算器才能产生碰撞效果

  D.第四个原则：用于生成毛发的模型必须有UV信息，UV不得重叠，UV必须分布在UV坐标系的0～1范围内

（4）Xgen创建毛发的基本流程是＿＿＿＿＿＿＿＿＿＿＿＿。

  A.创建导向线

  B.生成毛发

  C.修改器完善毛发细节

  D.毛发材质渲染检测

  E.曲线动态模拟

  F.曲线驱动毛发

（5）Xgen编辑导向线时，镜像导向线时模型需要满足＿＿＿＿＿＿＿＿＿、＿＿＿＿＿＿＿＿＿＿的条件。

参考答案

（1）A B C D E

（2）输出曲线组

（3）A B C D

（4）A B C D E F

（5）模型在网格原点中心　模型的结构为左右对称

第 **6** 课

粒子特效

动力学是物理学的一个分支，用于描述物理世界对象的运动方式。动力学系统使用物理规律模拟自然界的对象运动。动力学系统可以制作出使用传统关键帧技术很难实现的真实效果，如绚丽的烟花、滚动的骰子、飘扬的旗帜、爆炸和焰火等。

粒子是动力学特效中基础的特效元素，在Maya中可以通过速度、碰撞、寿命、颜色、场、反射器、表达式等方法控制粒子的运动和变化，从而利用粒子特效制作出丰富的视觉效果。本课将讲解粒子的各个属性与粒子动态、着色等控制技巧，并使用这些知识完成魔法圈、枪林弹雨、万马奔腾等案例的制作。

本课知识要点

◆ 创建粒子　　　　　　　◆ 粒子碰撞与碰撞事件编辑器

◆ 发射器属性　　　　　　◆ 综合案例——枪林弹雨

◆ 粒子属性　　　　　　　◆ 粒子替代

◆ 案例制作——魔法圈　　◆ 粒子目标

◆ 精灵片粒子　　　　　　◆ 综合案例——万马奔腾

第1节 创建粒子

制作粒子特效的第一步是创建粒子，本节将讲解5种创建粒子的方式，使读者掌握生成粒子的技巧。

知识点1 通过发射器创建粒子

第一种创建粒子的方式：使用发射器生成粒子。在菜单栏中执行"nParticle-发射-创建发射器"命令，如图6-1所示。在大纲视图中就会出现发射器节点（emitter1）与粒子节点(nParticle1)，如图6-2所示。播放动画，在视图网格中心会出现颗粒状的粒子，如图6-3所示。

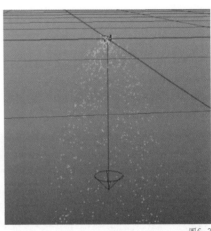

图6-1　　　　　　　　　　　图6-2　　　　　　　　　　　图6-3

发射器的"基本发射器属性"栏里提供了5种发射器类型，分别为Directional（方向）、Omni(泛方向)、Surface(曲面)、Curve(曲线)和Volume(体积)，如图6-4所示。系统默认为泛方向，即以发射器为中心向四面八方360°发射粒子，如图6-5所示。

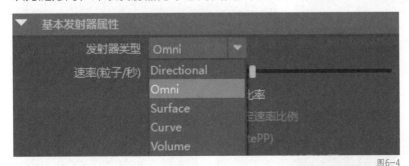

图6-4　　　　　　　　　　　　　　　　　　　　　　图6-5

"发射器类型"选择方向时，粒子沿着某一轴向发射，效果如图6-6所示。

图6-6

在模型上发射粒子时才能使用曲面类型。选择模型，在菜单栏中执行"nParticle-发射-从对象发射"命令，播放动画，模型上的每个顶点就能发射粒子，如图6-7所示。

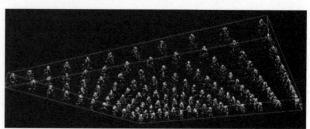

图6-7

将"发射器类型"选择为曲面后，粒子会在曲面上而不是模型的顶点产生，如图6-8所示。

图6-8

在曲线上发射粒子时才能使用曲线类型。选择曲线，在菜单栏中执行"nParticle-发射-从对象发射"命令，将"发射器类型"设置为曲线，曲线就能发射粒子了，如图6-9所示。

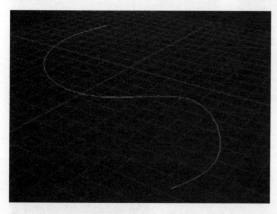

图6-9

将"发射器类型"设置为体积时，发射器默认会变成一个矩形，粒子会从矩形区域内产生，如图6-10所示。体积的样式不只有矩形一种，还有球形、圆柱、锥形和圆环等，如图6-11所示。

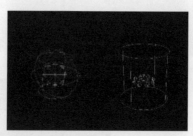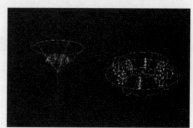

图6-10

图6-11

知识点 2 通过填充对象创建粒子

粒子不仅可以在模型表面产生，还可以在物体的内部产生。选择模型，在菜单栏中执行"nParticle-创建-填充对象"命令，此时模型内部就被填充了粒子，如图6-12所示。用户可以用该命令制作一个实体模型沙化并消散掉的效果。

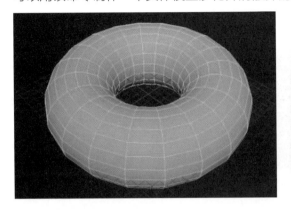

图6-12

打开"粒子填充对象"对话框，如图6-13所示。分辨率可以控制粒子的密度，如图6-14所示。

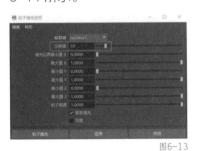

图6-13

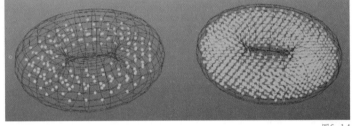

图6-14

知识点 3 通过粒子工具创建粒子

除了可以使用发射器间接生成粒子外，还可以通过nParticle工具直接生成粒子。在菜单栏中执行"nParticle-创建-nParticle工具"命令，打开"工具设置"对话框，如图6-15所示。默认创建粒子的方式是在视图窗口中单击，每单击一次创建一颗粒子，如图6-16所示。

图6-15

图6-16

勾选"草图粒子"时，系统会沿着鼠标指针绘制的路径创建粒子，如图6-17所示。"草图间隔"可以控制粒子之间的距离。

勾选"创建粒子栅格"并在视图区域中双击，可以创建出呈方形分布的粒子，如图6-18所示。"粒子间距"用于控制粒子之间的距离。

勾选"使用文本字段"，可以创建出呈立体矩形分布的粒子，如图6-19所示。"最小角"和"最大角"分别用于设置矩形两个对角顶点的位置，从而决定矩形的大小。

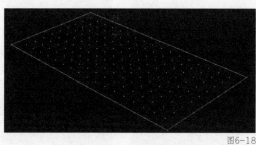

图6-17　　　　　　　　　　　　　图6-18　　　　　　　　　　　図6-19

第2节　发射器属性

发射器控制粒子的发射量、速度、方向等，是粒子特效中常用的节点。本节将讲解粒子发射器的各个属性，使读者掌握发射器的使用方法。

知识点 1　基础属性

发射器属性面板如图6-20所示。"变换属性"与"变换偏移父对象矩阵"属性栏主要用于控制发射器的位移、旋转、缩放等属性，一般保持默认值。"基本发射器属性"栏主要控制发射器的类型与粒子的发射速率等，是发射器常用的属性，如图6-21所示。"速率（粒子/秒）"控制粒子每秒的发射量，数值越大，粒子量越大。

效果如图6-22所示。

图6-20　　　　　　　　　　　　　图6-21　　　　　　　　　　　図6-22

知识点 2 距离 / 方向属性

距离/方向属性用于控制粒子与发射器的距离和方向等。默认情况下，每颗粒子都是从发射器的原点发射出来的，这是因为控制粒子与发射器距离的"最小距离"和"最大距离"默认为0，如图6-23所示。

将"最小距离"设置为3，"最大距离"设置为5，此时粒子在离发射器3～5个单位的范围内产生，如图6-24所示。

  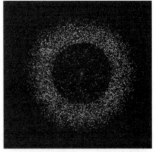

图6-23　　　　　　　　　　　　　　　　图6-24

"方向X""方向Y""方向Z"默认为灰色锁定状态，需要将"发射器类型"设置为方向才能开启，如图6-25所示。

"发射器类型"设置为方向时，粒子会沿着X/Y/Z轴向呈直线发射，如图6-26所示。

 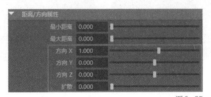

图6-25　　　　　　　　　　图6-26

"扩散"用于设置沿轴向发射时开角的范围，效果如图6-27所示。数值0～2对应0°～360°。

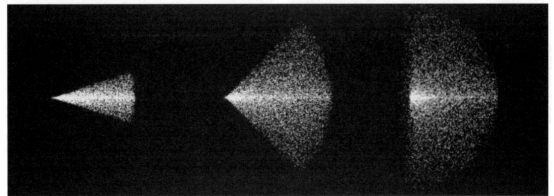

图6-27

知识点 3 基础发射速率属性

基础发射速率属性用于控制粒子发射时的初始速度等，属性面板如图6-28所示。"速率"

用于设置粒子发射时的速度，数值越大，粒子的初始速度越快。"速率随机"赋予每颗粒子速度上的随机变化，如图6-29所示。

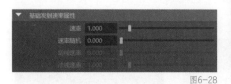

图6-28

图6-29

"发射器类型"设置为曲面时，"切线速率"与"法线速率"被激活。"切线速率"为0时，粒子会沿着曲面的法线方向发射出去，如图6-30所示。"切线速率"设置为1时，会给粒子施加一个沿着曲面的切线方向的力，粒子会沿着曲面的切线方向运动，如图6-31所示。

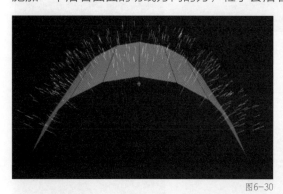 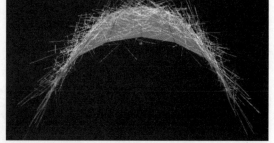

图6-30 图6-31

"法线速率"会给粒子施加一个沿着曲面的法线方向的力，数值越大，粒子的速度越快，如图6-32所示。

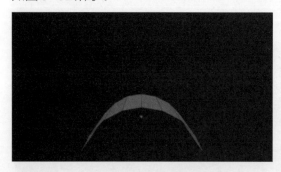 

图6-32

知识点4 体积发射器属性

"发射器类型"设置为体积时，才能激活体积发射器属性栏，如图6-33所示。

图6-33

"体积形状"可以更改发射器的形状，Cube表示方形、Sphere表示球形、Cylinder表示圆柱形、Cone表示锥形、Torus表示圆环形，如图6-34所示。

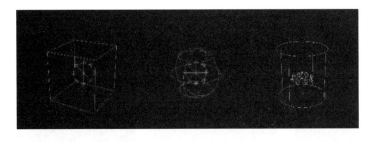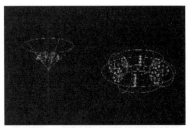

图6-34

"体积形状"选择球形或者圆柱形时，"体积扫描"才能被激活。"体积扫描"用于控制球形的完整性，360°为完整球形。将"体积扫描"分别设置为45和360的效果如图6-35所示。

"体积形状"选择球形或者圆环形时，"截面半径"才能被激活。"截面半径"用于设置圆环的粗细，效果如图6-36所示。

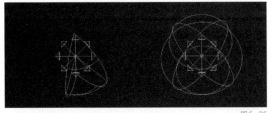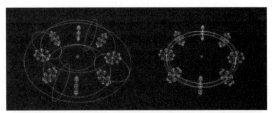

图6-35   图6-36

知识点 5 体积速率属性

体积形状拥有5种类型，丰富的形状提供了多种控制粒子发射速度的属性。"体积速率属性"栏如图6-37所示。

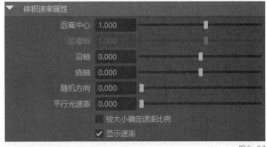

图6-37

"远离中心"用于设置粒子的发射速度，数值越大，粒子的初始速度越快。

"远离轴"默认是关闭的，只有体积形状为圆柱形时其才开启。"远离轴"用于控制粒子沿水平方向呈方形扩散，效果如图6-38所示。

"沿轴"用于控制粒子沿着发射器垂直方形扩散，效果如图6-39所示。

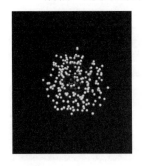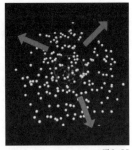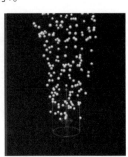

图6-38   图6-39

"绕轴"能够给粒子设定一个旋转的初始速度，效果如图6-40所示。

"随机方向"能够使粒子发射的角度产生随机的效果，比如将其分别设置为0和0.2，效果如图6-41所示。

图6-40

图6-41

"平行光速率"用于控制粒子沿着水平方向平行运动，将其设置为1，效果如图6-42所示。

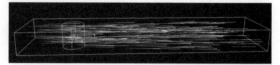

图6-42

知识点 6 纹理发射属性

从模型上发射粒子时，通过纹理发射属性可以控制粒子在指定区域发射。比如当前场景有一个平面模型，选择模型并执行"nParticle-发射-从对象发射"命令，效果如图6-43所示。

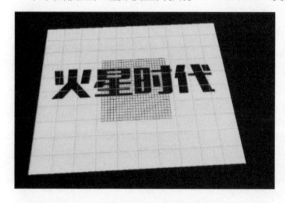 

图6-43

发射器会根据贴图的颜色决定粒子的发射量：黑色代表0，即不发射粒子；白色代表1，即发射粒子。如果需要让黑色区域发射粒子，白色区域不发射粒子，则需要勾选"从暗部发射"。在发射器的"纹理速率"上链接一张黑白贴图，再勾选"启用纹理速率"和"从暗部发射"，此时黑色区域发射粒子，白色区域不发射粒子，如图6-44所示。

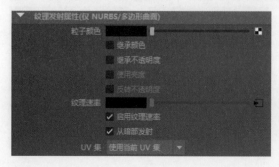 

图6-44

第3节 粒子属性

粒子特效中千变万化的效果都是通过粒子属性里的参数实现的，如图6-45所示。粒子属性面板中参数众多，为了方便读者理解，下面将讲解粒子的寿命和着色等常用知识，使读者掌握粒子的常用属性。

图6-45

知识点 1 粒子的寿命

勾选"启用"时，本套粒子能够进行动力学模拟；取消勾选时，本套粒子不进行动力学解算。

"计数"属性栏中显示的当前粒子节点的粒子，总数只作为统计数目使用，无须调节，属性面板如图6-46所示。"事件总数"显示的是粒子碰撞事件的数量。

"寿命"属性栏控制场景中粒子的寿命长度，属性面板如图6-47所示。

图6-47

图6-46

"寿命模式"提供了4种控制粒子寿命长度的模式，如图6-48所示。

"Live forever"（永生）模式表示粒子永远存活，不会消亡。

"Constant"（恒定）模式表示每一颗粒子的生命值都一样，选择恒定模式时，"寿命"会被激活，如图6-49所示。"寿命"的默认值为1，表示每一颗粒子存活24帧。

图6-48

图6-49

"Random range"（随机范围）模式可以使每一颗粒子的寿命长度各不相同。选择该模式时，"寿命随机"会被激活，如图6-50所示。将"寿命"值设置为1，将"寿命随机"设置为0.2，表示每一颗粒子的生命值在0.9-1.1区间，即有的粒子生命值大，有的粒子生命值小，粒子消亡的边界变得参差不齐，如图6-51所示。

"lifespanPP only"模式需要通过表达式控制粒子的生命值。

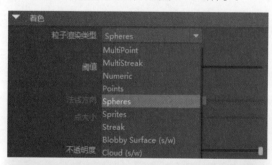

图6-50

图6-51

知识点 2 粒子的各种形态

粒子的形态也不是固定不变的，在"着色"属性栏的"粒子渲染类型"里提供了丰富的粒子形态。比如将"粒子渲染类型"设置为Sphere，粒子由点状变为圆球形态，如图6-52所示。此时调节"粒子大小"属性栏里的"半径"，可以更改粒子球的大小，比如将默认的"半径"值由1设置为0.2，如图6-53所示。

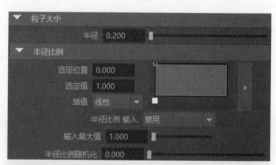

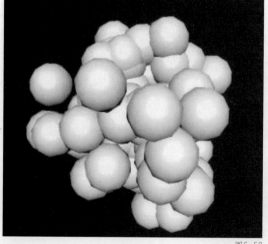

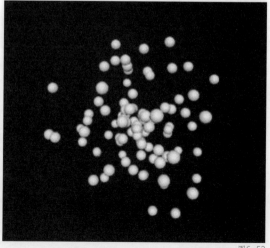

图6-52

图6-53

将"粒子渲染类型"设置为MultiPoint（多点状）时，原来的1颗粒子会转变成10颗粒子显示，如图6-54所示。这种类型可以在不提高动力学计算量的情况下，显示更多的粒子。

将"粒子渲染类型"设置为MultiStreak（多点条状）时，每颗粒子会以多倍长条状显示，如图6-55所示。多点条状常被用于表现火花等特效元素。

将"粒子渲染类型"设置为Numeric（数据）时，每一颗粒子会变成数字，默认情况下该数字显示的是粒子的ID号，如图6-56所示。在属性名称里可以更改粒子的显示属性。

将"粒子渲染类型"设置为Point（点状）时，每一颗粒子为单独的点状态显示，也是粒子默认的显示状态，如图6-57所示。

图6-54

图6-55

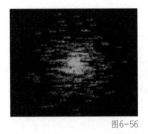
图6-56

图6-57

将"粒子渲染类型"设置为Sprites（精灵片）时，每一颗粒子以方形面片形态显示，并且永远朝向相机，如图6-58所示。精灵片是特效里常用的粒子状态，赋予精灵片上纹理、透明等效果，可以模拟烟、火等特效元素。

将"粒子渲染类型"设置Streak（条状）时，每一颗粒子以长条状显示，如图6-59所示。

将"粒子渲染类型"设置为Blobby Surface（点状曲面）时，每一颗粒子会变成实体球状，并且在一定的距离内，粒子能够相互融合，如图6-60所示。使用"点状曲面"类型，可以模拟水等特效元素。

将"粒子渲染类型"设置为Cloud（云）时，每一颗粒子会变成半透明球状，如图6-61所示。使用云类型，可以模拟云、雾气等特效元素。

图6-58

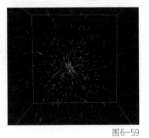
图6-59

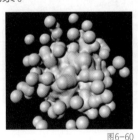
图6-60

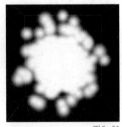
图6-61

将"粒子渲染类型"设置为Tube（管状体）时，每一颗粒子会变成圆柱状，如图6-62所示。

图6-62

知识点 3 碰撞

粒子更多动态方面的控制可以在"碰撞""动力学特性"等属性栏里调节，如图6-63所示。nParticle的动力学系统与前两课学习的Ncloth、Nhair的动力学系统是一样的，比如"碰撞"属性栏中的参数与之前介绍的布料系统的"碰撞"属性栏中的参数是一致的，如图6-64所示。

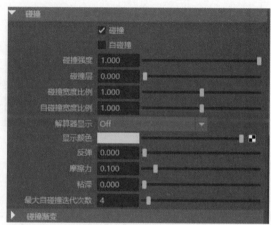

图6-63   图6-64

勾选"碰撞"时，粒子就可以与地面产生碰撞，如图6-65所示。勾选"自碰撞"时，粒子与粒子之间能够产生碰撞堆叠，如图6-66所示。

图6-65   图6-66

"碰撞强度"为1时，粒子参与碰撞；"碰撞强度"为0时，粒子不参与碰撞。

"碰撞层"指定nParticle粒子所处的碰撞层数。它对处在同一个Nucleus解算器下的粒子或nCloth布料进行碰撞效果的控制，处于同一个碰撞层的nParticle粒子或nCloth布料可以正常产生碰撞；不同碰撞层的粒子或布料，低序号的层比高序号的层优先产生碰撞。碰撞结果为，碰撞层为"0.0"的物体推动碰撞层为"1.0"的物体，然后按顺序推动碰撞层为"2.0"的物体。

"碰撞宽度比例"/"自碰撞宽度比例"可以设置粒子的半径来控制碰撞的距离。

在"解算器显示"中选择需要查看的属性，Off（禁用）状态为不进行显示，Collision Thickness（碰撞厚度）状态显示碰撞厚度，Self Collision Thickness（自碰撞厚度）状态可以显示自碰撞厚度，如图6-67所示。

图6-67

"显示颜色"即显示碰撞厚度时的颜色，其只为方便观察，没有其他含义。

我们还可以通过对"反弹"（Bounce）"摩擦力"（Friction）和"粘滞"（Stickiness）（应写为"黏滞"）等进行调节以改变nParticle粒子的动态表现效果。另外，"最大自碰撞迭代次数"（Max Self Collide Iterations）用于控制粒子的自碰撞精度，可以在自碰撞效果出现错误的情况下增大其数值来改善自碰撞效果，增大此数值也会增加计算时间。

知识点4 动力学特性

"动力学特性"属性栏中的参数决定着nParticle粒子的动力学表现效果，如图6-68所示。比如粒子在运动过程中是否容易受到空气阻力而减速，粒子是质量比较大的雨滴还是比较轻的尘埃等。

勾选"世界中的力"选项后，动力学场以世界坐标方式影响粒子，不勾选时则会在粒子本地坐标系上产生影响力。比如为粒子添加重力后，勾选此选项，则粒子受到沿世界坐标系Y轴向下的力；取消勾选此选项，则粒子受到沿本地坐标系Y轴向下的力，这个区别在旋转粒子的情况下会显现出来，默认为勾选状态。

"忽略解算器风"和"忽略解算器重力"两个选项用于指定粒子是否忽略它所处的Nucleus解算器所模拟的风场和重力场影响。Nucleus解算器所模拟的风场和重力场会影响在它之下的所有Nucleus节点，当用户需要对nParticle单独进行风场和重力场的影响模拟时，可以勾选这两个选项以忽略这两个场的影响。

"保持""阻力"和"阻尼"分别描述了粒子对速度的继承能力，粒子受到的拖曳效果（比如风对粒子的拖曳）和粒子运动过程中受到的阻尼大小，用户可以调节这些参数来趋近于粒子要模拟的特效类型。

"质量"决定了粒子的基本质量参数。质量用于确定粒子的密度，如水的密度比烟雾要大，根据不同目的可以赋予其不同的数值大小。质量越大的物体受阻力的影响越小。

"质量比例"属性栏则用于在有质量数值的基础之上使粒子根据不同比例进行缩放，产生不同质量的粒子。

渐变面板控制缩放值的原理如下：渐变面板通过"质量比例输入"输入一个属性数值，然后根据此输入属性数值的大小读取渐变面板的数值，输入属性数值较小时读取左侧数值，输入属性数值较大时读取右侧数值。例如，将"质量比例输入"设为半径，当此半径数值比较小的时候，渐变面板输出左侧数值；当此半径数值比较大的时候，渐变面板输出右侧数值。

因此可以根据粒子尺寸大小的不同，而得到质量大小的不同，如图6-69所示。

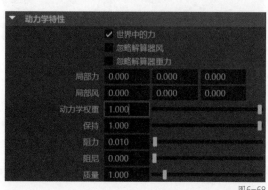

图6-68

图6-69

"年龄"用于指定输入属性的最大值。例如将"质量比例输入设为半径，将"年龄"设置为5，则当粒子的半径大于5时，仍然按照5来对渐变面板进行取值。

"质量比例随机化"可以赋予粒子质量缩放一个随机变化的数值。

知识点5 力场生成

"力场生成"属性栏中的参数可以使nParticle粒子生成一个力场，此力场可以使nParticle粒子推开同一个Nucleus解算器下的其他nParticle粒子或nCloth布料，也可以使它拉近其他的nParticle粒子或nCloth布料，如图6-70所示。

选择"点力场"下拉列表中的"off（禁用）"，表示不开启此效果；选择"世界空间（Worldspace）"，以世界空间为基础生成此效果；或选择"Thickness Relative"（与厚度相关），使粒子根据半径大小生成此效果（粒子半径越大，生成的力场强度越大）。

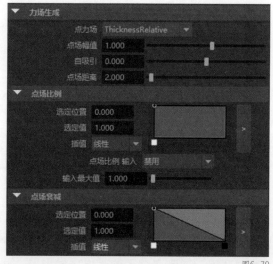

图6-70

"点场幅值"可以改变此力场的影响效果，正值产生一个对其他nParticle粒子或者nCloth布料的推力，负值则产生对其他nParticle粒子或者nCloth布料的拉力。

"自吸引"可以使nParticle粒子之间产生吸引效果，正值使粒子间相互吸引，负值使粒子间相互排斥。

"点场距离"参数控制着场的影响范围。

点场比例属性可以对每个粒子生成的场的强度大小进行单粒子属性的创建。在"点场幅值"数值的基础之上,使每个粒子产生场强的缩放,例如根据粒子年龄从小到大的变化,可以使其产生的场强渐渐变弱。

还可以通过调节"点场衰减"曲线,在场的影响距离上形成场的强度的变化,以便产生更复杂的力场效果。

知识点 6　旋涡生成

粒子在运动的过程中会与多边形、粒子等元素产生碰撞和摩擦,从而产生旋转效果。在"旋转"属性栏中可以控制粒子旋转的速度等运动趋势,属性面板如图6-71所示。

图6-71

勾选"计算旋转"时,粒子在碰撞后会按照每粒子进行旋转,同时在"每粒子(数组)属性"栏会添加"Rotation PP"(旋转PP)和"Angular Velocity PP"(角速度 PP)参数。

"旋转摩擦力"用于设置碰撞时粒子受到的摩擦力大小。

"旋转阻尼"用于设置粒子旋转时的阻尼大小,数值越大,粒子旋转越慢。

知识点 7　风场生成

"风场生成"属性栏中的参数可以模拟nParticle粒子的运动带动周围的空气形成风,进而影响同一个Nucleus解算器下的其他nParticle粒子或nCloth布料的效果,同时粒子的运动方向也决定了形成的风的方向,属性面板如图6-72所示。

图6-72

"空气推动距离"决定了nParticle粒子在运动时会在多大的范围内产生风场,此数值大于0时才会产生风场效果。

"空气推动漩涡"("漩涡"应写为"旋涡")可以使风场产生类似于旋涡的变化,另外还可以通过把"风阴影距离"设置为大于0的数值来模拟当前nParticle粒子对风产生的阻挡效果。

知识点 8　液体模拟

调节"液体模拟"属性栏中的参数,可以方便、高效地使用nParticle粒子模拟流体形态,如水倒在杯子中产生的碰撞、岩浆流动时的形态等,属性面板如图6-73所示。

勾选"启用液体模拟"时,将开启nParticle粒子的流体解算功能。

图6-73

"不可压缩性"决定粒子互相排斥的强度。为了得到水的形态，可以将该数值设置得较小；当该数值增大时，粒子因为不可压缩性而产生的互相排斥的力会更大，从而推开身边的其他粒子。

"静止密度"决定了当粒子运动较稳定时，在任意一点会有多少粒子重叠在一起。比如"静止密度"为2时，当粒子运动趋于稳定后，每一点都会有2个粒子重叠在一起。

"流体半径比例"在粒子半径的基础上，决定流体粒子重叠的数量。粒子的重叠同样受到粒子半径大小的影响。当半径相同时，为了模拟水的效果，将其设为0.5比较合适。

"粘度"（应写为"黏度"）主要模拟液体流动时的黏着感。该数值越大，如设置为0.1时，粒子运动时更接近油、汞等黏性较大的液体；当该数值越小，如为0.01时，粒子的运动更接近于水的效果。

知识点 9 输出网格

"输出网格"属性栏中的参数可以对使用nParticle粒子转换出的多边形网格模型进行大小、光滑度等属性的设置。属性面板如图6-74所示。

要想看到多边形网格的效果，需要先选择 nParticle粒子，然后执行"修改-转化-nParticle到多边形"命令，将nParticle转化为多边形物体，在nParticle节点下的"输出网格"属性栏中调整各个参数以得到需要的多边形模型效果。

"阈值"决定了互相叠加的粒子转化为多边形物体时的平滑程度，该数值越小，平滑程度越高，反之则越低。

图6-74

"滴状半径比例"决定了粒子转化为多边形物体时的半径大小，它并不影响粒子本身的半径大小，即不会影响粒子的动力学行为，仅控制粒子成面时的半径大小。同时增大该值和"阈值"，可使粒子转化成的多边形物体更加平滑。

"运动条纹"能够以粒子的运动方向为基准延长个别粒子的形态。如果该值为0，则粒子转化成的多边形是球形；该值为1时，粒子根据每一帧的运动形态决定各自的拉伸状况。它能够帮助我们创建类似于运动模糊的效果，模拟更加真实的液体效果。

"网格三角形大小"决定了组成多边形的每个单元的大小。该数值越小，则组成多边形的每个单元越细致，最终形成的多边形物体精度越高。同样，因为多边形的数量过多，Maya软件也需要更多的时间加以运算。

"最大三角形分辨率"指定了粒子转化为多边形网格时生成的多边形三角面的最大分辨率，它可以有效地限制粒子在转化为多边形网格时的细致程度，防止输出的多边形模型数据量过大。

勾选"使用渐变法线"能够得到更加平滑的多边形效果。用户还可以通过设置"网格方法"改变生成多边形网格的方法；设置"网格平滑迭代次数"改变平滑次数，使多边形的拓扑更加统一、平滑，该数值越大，运算量也越大。

知识点 10 每粒子（数组）属性

在之前的粒子属性中我们只能进行整体控制，比如粒子的"寿命"为1时，代表所有的粒子寿命都是1，但是在制作复杂的粒子特效时，需要精确控制每一颗粒子的属性，使粒子能够产生丰富的变化。

在"每粒子（数组）属性"栏中，用户可以通过编写表达式来控制每一颗粒子的属性，

比 如 将 "寿 命 模 式" 设 置 为lifespanPP only， 再 在lifespanPP上 创 建 表 达 式 "LifespanPP=rand(1,10);"，表示此时粒子的寿命值会从1～10中取值，有的粒子寿命值大，有的寿命值小，就可以实现粒子寿命随机的效果。在"每粒子（数组）属性"栏里还有"位置""渐变位置""速度""渐变速度"和"加速"等可以通过表达式控制，如图6-75所示。

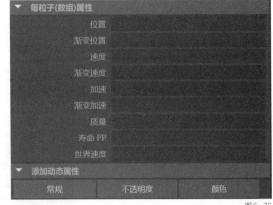

图6-75

除了"每粒子（数组）属性"栏提供的属性外，还可以在"添加动态属性"栏中添加颜色、不透明度和常规等更多的属性。比如单击"常规"按钮，在打开的浮动对话框中提供了"新建""粒子"和"控制"3组属性，如图6-76所示。

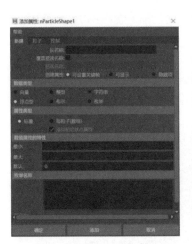

图6-76

在"新建"栏中用户可以自定义一个属性；"粒子"与"控制"栏提供了丰富的预设属性，这些属性都可以添加到"每粒子（数组）属性"栏内，再通过编辑表达式来控制。

比如执行"粒子"栏中的"collisionTime"命令，此时在"每粒子（数组）属性"栏就多了一个"碰撞时间"属性可供使用，如图6-77所示。

图6-77

通过新建的方式创建每粒子（数组）属性的步骤如下，首先在"添加动态属性"栏中单击"常规"，在打开的"添加属性"对话框的"新建"栏中输入需要定义属性的名称，比如在"长名称"内输入"My_AA"，然后需要设置该属性的"数据类型"，比如选择"浮点型"，最后设置"属性类型"为"每粒子（数组）"，单击"确定"，此时在"每粒子（数组）属性"栏中会新增一个"My_AA"属性，如图6-78所示。

图6-78

> **注意** 属性的名称不得与已有属性的名称重复，也不得使用汉字。"数据类型"中的"向量"表示3个通道控制该属性，"浮点型"表示一个数据通道控制该属性。"属性类型"定义该属性是通过标量控制粒子，还是每粒子（数组）类型控制粒子，标量是统一控制所有粒子，每粒子（数组）则可以通过表达式精确控制每一颗粒子。

知识点 11　表达式编辑器

在"每粒子（数组）属性"栏中选择需要编辑的内容，单击鼠标右键，在弹出的快捷菜单中执行"创建表达式"命令，就可以打开粒子"表达式编辑器"，如图6-79所示。

图6-79

编辑表达式时首先要选择运行的模式。"创建"表示粒子生成的那一刻执行的表达式，在粒子运动的过程中不再执行该表达式。"运行时动力学前/动力学后"表示粒子每运行一帧需要执行的表达式，"动力学前和动力学后"的区别有一帧之差。

编写表达式时需要遵循一定的格式，给某个属性赋予数值，首先要写该属性的名称，然后写"="，其次写数据，最后写"；"，结束。比如"mass=10；"表示粒子的质量为10。

数据类型也有规范的格式，比如浮点的属性后面需要赋予单通道的数据。比如"LifespanPP=rand(1,10)"表示每一颗粒子的寿命是随机选择的1～10的某一个数。

矢量的属性则包含3个通道的数据，应该通过"<<0,0,0>>"表示每个通道的数据，比如"position=<<1,2,3>>；"表示每一颗粒子的位置对应于X、Y、Z轴的1、2、3坐标；"position=<<rand(1,10),0,0>>；"表示粒子在X轴的1～10随机分布。更改表达式编辑的方法将在后续案例中讲解。

第4节 案例制作——魔法圈

前几节讲解了发射器和粒子的基本属性，本节将通过一个综合案例——魔法圈的制作，使读者掌握发射器、粒子常用属性的控制技巧，案例效果如图6-80所示。

图6-80

知识点 1 整理场景

粒子特效涉及模型、贴图、缓存等大量数据的读取，在开始制作本案例之前一定要创建工程或者指定工程。指定工程可选择本课的素材文件"Class_05_FX_Particle\Particle_pg"，并打开场景文件"partA001.mb"，场景文件效果如图6-81所示。

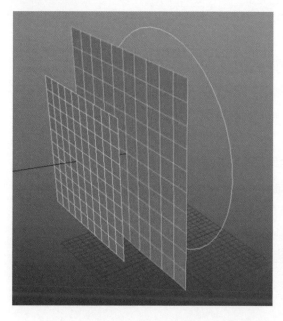

图6-81

当前场景有两个几何体平面和一条圆形曲线，几何体平面上显示了两张不同黑白纹理的图片，曲线用于制作魔法圈外侧的粒子光圈，两个平面根据黑白纹理发射粒子图案。

知识点2 光圈部分粒子特效

■ **步骤1 制作路径动画**

首先在菜单栏中执行"nParticle-发射-创建发射器"命令创建粒子发射器。然后选择发射器再加选曲线，将菜单栏切换至绑定模块，在菜单栏中执行"约束-运动路径-连接到运动路径"命令，如图6-82所示。

在"连接到运动路径选项"对话框中，分别设置动画的"开始时间"和"结束时间"为0和60，即粒子发射器旋转一周为60帧，如图6-83所示。

图6-82

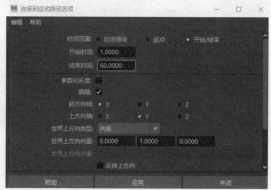

图6-83

■ **步骤2 制作粒子基础光圈**

为了实现粒子光圈最后消失的效果，需要将发射器的"速率"在一定时间范围内关闭。将时间线分别移动至第60帧和第61帧，将"速率"分别设置为2000和0，并单击鼠标右键，执行快捷菜单中的"设置关键帧"命令，如图6-84所示。

图6-84

为了表现出粒子光圈的体积，可以将粒子发射器的粒子"最大距离"值设置为0.2。这套粒子是下一套粒子的发射源，所以需要将发射器的"速率"关闭，如图6-85所示。

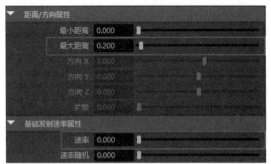

图6-85

这类魔法的粒子类似于现实生活中的火花，本身比较轻盈，可以将粒子的重力关闭。选择粒子并勾选"动力学特性"属性栏里的"忽略解算器重力"，如图6-86所示。

图6-86

为了实现粒子短暂出现又快速消失的效果，可以将粒子的"寿命"值设置为3，"寿命随机"设置为2，如图6-87所示。

此时完成了光圈第一套粒子的制作，效果如图6-88所示。

图6-87

图6-88

■ **步骤3 制作粒子扩散的动态**

第二套粒子是以第一套粒子作为发射源产生的，选择第一套粒子，在菜单栏中执行"nParticle-从对象发射"命令，效果如图6-89所示。

将第二套粒子的"寿命"设置为0.3，"寿命随机"设置为0.2，可以实现粒子快速消失的效果。第二套粒子的运动是依靠体积轴场来驱动的，由于默认的重力场太强，需要勾选"忽略解算器重力"。

选择第二套粒子，在菜单栏中执行"场/解算器-体积轴"命令。将体积轴场的"幅值"设置为20，"体积形状"设置为"Cylinder"，"绕轴"设置为1，调整体积轴场的大小与位置，使之包裹住第二套粒子，如图6-90所示。

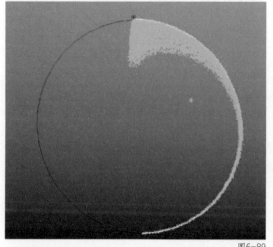

图6-89

图6-90

设置完体积轴场，播放的动画效果如图6-91所示。

图6-91

■ 步骤4 制作粒子的形态

默认粒子的形态为点状，可以将粒子的形态设置为条状，以体现粒子的速度感。选择粒子并将"粒子渲染类型"设置为"Streak"，"尾部大小"设置为2，如图6-92所示。

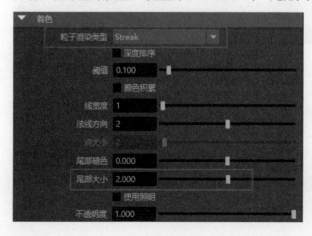

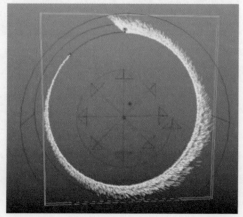

图6-92

制作完粒子初步的动态后，就可以开始设置粒子的颜色。首先在粒子的"添加动态属性"栏里单击"颜色"按钮，在打开的对话框中选择"添加每粒子属性"。

然后在"每粒子（数组）属性"栏里的"RGB PP"上单击鼠标右键，执行快捷菜单中的"创建渐变"命令，并将渐变的颜色设置为橘黄色，如图6-93所示。

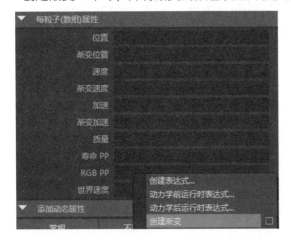

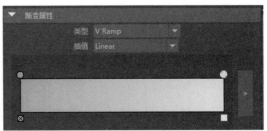

图6-93

在"着色"属性栏里，勾选"使用照明"，使粒子能够叠加出更多的颜色变化，如图6-94所示。

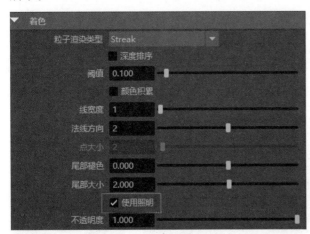

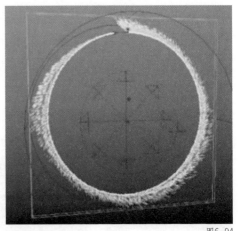

图6-94

为了让每一颗粒子拥有更多透明的细节，需要为当前粒子添加"不透明"属性。在"添加动态属性"栏里单击鼠标右键，执行快捷菜单中的"不透明属性"命令，在打开的对话框中选择"添加每粒子属性"。

为了实现粒子不透明的随机效果，需要使用表达式。在"每粒子（数组）属性"栏里的"不透明度PP"上单击鼠标右键，执行快捷菜单中的"创建表达式"命令，在表达式栏中输入"opacityPP=rand(0.05,0.2);"如图6-95所示。

如果每一颗粒子的质量不同，在相同的受力情况下，粒子质量越小，速度越快；质量越大，速度越慢。为了使每一颗粒子在受到体积场的作用时，速度有差异变化，可以将粒子的"质量"设置为随机值，在粒子的表达式编辑器里，添加"mass=rand(0.6,1.2);"即粒子的最大质量为1.2，最小质量为0.6，播放动画，效果如图6-96所示。

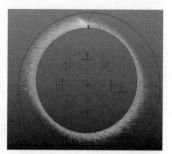

图6-95　　　　　　　　　　　　　　　　　　　图6-96

■ **步骤5 制作下落的火花**

第二套粒子制作完毕后，再为光圈添加第三套自由下落的粒子，用来丰富光圈的细节。第三套粒子同第一套粒子创建的方式一样，选择第一套粒子，在菜单栏中执行"nParticle-从对象发射"命令，将第三套粒子的发射器的"速率"设置为10，粒子的"寿命"设置为0.6，"寿命随机"设置为0.4。

将第三套粒子的"粒子渲染类型"设置为Streak，"尾部大小"设置为2.02，使粒子呈长条状分布。

同第二套粒子一样，第三套粒子也需要添加颜色属性，为颜色属性添加橘黄色渐变。添加不透明度属性，并且创建表达式"opacityPP=rand(0.1,0.2);"使每一颗粒子呈现不同的透明度。同时为了实现速度的不同，也需要创建表达式"mass=rand(0.4,2);"实现每一颗粒子质量随机。

为了使第三套粒子拥有更丰富的动态，可以选中第三套粒子，在菜单栏中执行"场/解算器-湍流"命令。为当前粒子添加湍流场（扰乱场）。将控制湍流强度的"幅值"设置为20，"衰减"设置为0，"相位X"中写表达式"noise(time*2)"，如图6-97所示。

此时就完成了魔法圈最外侧光圈效果的制作，播放动画的效果如图6-98所示。

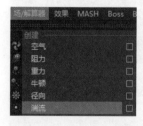

图6-97　　　　　　　　　　　　　　　　图6-98

知识点3 图案粒子效果制作

魔法圈中间部分为由粒子组合成的五角星图案，如图6-99所示。这类排列成某种图案的粒子，需要从多边形的纹理上发射粒子来实现。

■ **步骤1 制作粒子图案**

首先选择中间的平面多边形，如图6-100所示。在菜单栏中执行"nParticle-发射-从对象发射"命令。

图6-99

然后将"发射器类型"设置为曲面。中间组成五角星图案的粒子也是短暂出现后消失，需要将发射器的"速率"设置为关键帧，即在50帧设置为1000，70帧设置为0。形成五角星的粒子图案效果，还需要在发射器的"纹理发射属性"栏里的"纹理速率"中链接黑白纹理图，并且勾选"启用纹理速率"，如图6-101所示。

图6-100　　　　　　　　　　　　　　　　　　　　　　　　图6-101

为了使粒子图案有立体效果，还需设置"最大距离"和"速率"，如图6-102所示。粒子效果最终如图6-103所示。

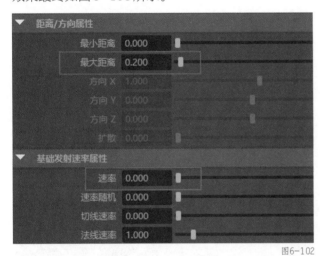

图6-102　　　　　　　　　　　　　　　　　　　　图6-103

■ 步骤2 设置粒子颜色与动态

每一颗粒子出现然后快速消失，并且消失的时间不同，需要将粒子的"寿命"设置为0.3，"寿命随机"设置为0.2。

粒子颜色、不透明度、形态的设置或制作与前两套粒子一样。需要在"添加动态属性"栏中单击"颜色"和"不透明度"按钮，然后在"颜色"属性中添加橘黄色渐变，"不透明度"属性中写明不透明度随机的表达式"opacityPP=rand(0.05,0.2);"，"质量"中写质量随机的表达式"mass=Rand(0.4,2);"。将"粒子渲染类型"设置为Streak。播放动画，效果如图6-104所示。

为了使粒子得到更加丰富的动态，可以为当前粒子添加湍流场，并且将湍流场的"幅值"设置为20，"衰减"设置为0，"相位X"中写随机变化表达式"noise(time*1.3)"，粒子就有了扰动的动态，如图6-105所示。

图6-104

图6-105

■ **步骤3 制作粒子缩放动画**

粒子图案由小变大的效果，可以通过缩放多边形平面来实现。选择发射粒子的多边形平面，在第0帧将"模型缩放"设置为0并设置关键帧，在第20帧将"模型缩放"设置为1，得到模型的动画效果，如图6-106所示。

图6-106

播放动画，粒子的动态效果如图6-107所示。此时就完成了中间图案粒子的制作。

图6-107

知识点4 图案二粒子效果制作

■ 步骤1 制作粒子图案

制作图案二（见图6-108
左图）粒子的制作与上述图案
一粒子的步骤一样，首先选择
多边形平面，在菜单栏中执行
"nParticle-发射-从对象发射"
命令。

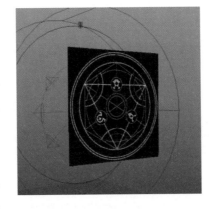

图6-108

从模型上发射，需要将粒子
发射器的"发射器类型"设置为
曲面。为了实现粒子发射一会儿又消失的效果，需要在该套粒子发射器的"速率"中设置关
键帧，即将第60帧设置为1000，第80帧设置为0。为了使粒子形成的图案有立体感，可以将
"最大距离"设置为0.3。

为了实现粒子形成的图案效果，还需要在"纹理速率"中链接黑白纹理图，如图6-109
所示。

由于每一颗粒子出现后又快速消失，并且消失的时间不同，因此需要将粒子的"寿命"设
置为0.3，"寿命随机"设置为0.2。

将"粒子渲染类型"设置为MultiStreak，可以得到更密集的粒子效果，如图6-110所示。

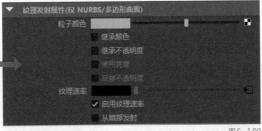

图6-109 图6-110

■ 步骤2 设置粒子颜色并制作动画

粒子颜色、不透明度、形态的设置或制作与前一套粒子一样。
需要在"添加动态属性"栏中单击"颜色"和"不透明度"按钮，
然后在"颜色"属性中添加橘黄色渐变，"不透明度"属性中写不透
明度随机的表达式"opacityPP=rand(0.05,0.2);"；"质量"中写质
量随机的表达式"mass=Rand(0.4,2);"。将"粒子渲染类型"设置
为Streak，播放动画，效果如图6-111所示。

图6-111

粒子图案由小变大的效果，可以通过缩放多边形平面来实现。
选择发射粒子的多边形平面，在第10帧将"模型缩放"设置为0并设置关键帧，在第30帧将
"模型缩放"设置为1并设置关键帧，得到模型的动画效果如图6-112所示。

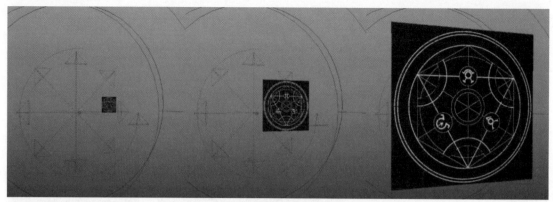

图6-112

播放动画，粒子的动态效果如图6-113所示。这样就完成了最后一套图案粒子的制作。

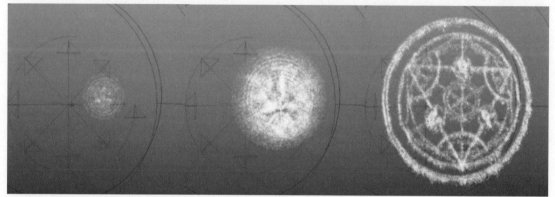

图6-113

■ 步骤3 创建粒子缓存

完成了所有粒子的动态制作后，播放动画，效果如图6-114所示。最后需要创建粒子缓存，选择所有粒子，在菜单栏中执行"nCache-创建新缓存-nObject"命令即可。

图6-114

本案例的重点部分为粒子发射器的速率、最大距离、纹理速率、粒子的寿命、渲染类型、颜色、不透明度等的设置。粒子的速度由发射器与场控制，粒子的形态与消失由粒子的寿命属性控制。

第5节 精灵片粒子

"粒子渲染类型"中有一个非常重要的类型——精灵片。精灵片是特效制作中常用的粒子形态，被广泛运用于影视特效与游戏特效中。在精灵片上可以直接链接纹理，比如连接烟、火花、雾气等图案纹理，不需要进行任何复杂的流体解算，就能制作出立体效果的烟、火等。本节将讲解如何控制精灵片粒子大小、纹理、旋转等知识，使读者掌握精灵片的使用技巧。

知识点 1 精灵片粒子的纹理

当"粒子渲染类型"设置为Sprites（精灵片）时，每一颗粒子会变成方形面片，同时这些方形面片始终面向相机，如图6-115所示。

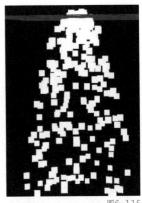

图6-115

在精灵片上显示不同纹理，是控制精灵片中非常重要的知识。首先在材质编辑器里创建兰伯特材质（lambert2材质），然后在lambert2材质的"颜色"与"透明度"属性上链接一张贴图，如图6-116所示。将制作好的材质球赋予精灵片，此时精灵片就显示当前材质效果，如图6-117所示。

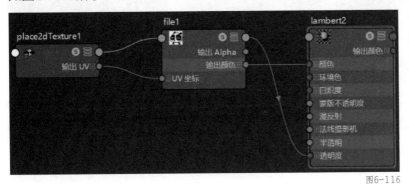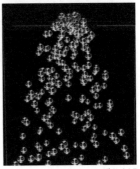

图6-116 图6-117

选择材质编辑器里的"file1"（文件节点），打开其属性面板。勾选"使用图像序列"，然

169

后在"图像编号"上单击鼠标右键，执行快捷菜单中的"编辑表达式"命令，编写表达式，如图6-118所示。

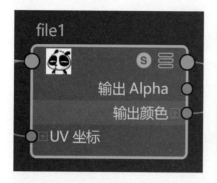

图6-118

选择粒子，在粒子的"添加动态属性"栏里单击"常规"按钮，在打开的对话框中选择添加"spriteNumPP"属性，如图6-119所示。spriteNumPP属性可以控制精灵片粒子读取材质上的纹理序列。

添加完spriteNumPP属性后，还需要在该属性上添加随机表达式"spriteNumPP=rand(8);"，如图6-120所示。材质上的纹理图只有8张，所以"rand(8)"代表每一颗粒子从8张图片中随机选取一张作为自己的颜色，这样就实现了粒子显示的纹理各不相同，如图6-121所示。

图6-119

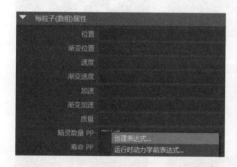

图6-120

图6-121

知识点2 精灵片粒子的大小

精灵片在默认情况下是统一大小的，精灵片的大小可以通过"精灵属性"栏中的"精灵比例X"和"精灵比例Y"来调节，如图6-122所示。

图6-122

"精灵比例X"和"精灵比例Y"只能整体调节粒子的大小。如果要实现精灵片粒子的大小不同，需要在精灵片粒子的"添加

动态属性"栏里单击"常规"按钮，在打开的对话框中选择添加"spriteScaleXPP"和
"spriteScaleYPP"属性，如图6-123所示。

在"spriteScaleXPP"属性上添加表达式，就能控制精灵片粒子水平方向的大小。
在"spriteScaleYPP"属性上添加表达式，就能控制精灵片粒子垂直方向的大小。要
实现精灵片等比例缩放，并且大小不一的效果，则需要创建表达式"spriteScaleYPP=
spriteScaleXPP=rand(0.1,1.2)"，效果如图6-124所示。

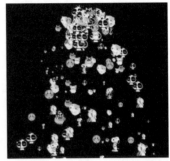

图6-123

图6-124

知识点 3 精灵片粒子的旋转

在默认情况下，精灵片粒子的角度都是
水平的，精灵片的角度可以通过"精灵属性"
栏中的"精灵扭曲"来调节，如图6-125
所示。

图6-125

如果要实现每一颗精灵片粒子旋转角度
各不相同，需要在精灵片粒子的"添加动态
属性"栏里单击"常规"按钮，在打开的对
话框中选择添加"spriteTwistPP"属性，
如图6-126所示。

在"spriteTwistPP"属性上添加表达
式，就能控制精灵片粒子的角度。要实现每
一颗粒子角度各不相同，则需要创建表达式
"spriteTwistPP=rand(360)"，如图6-127
所示。

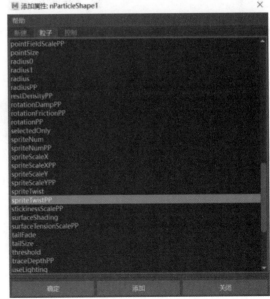

图6-126

图6-127

第6节 粒子碰撞与碰撞事件编辑器

碰撞是粒子特效中常用的技术。粒子运动过程中碰撞到其他元素，会产生弹跳、摩擦、分裂等效果。本节将讲解粒子碰撞的设置、碰撞事件等知识，使读者掌握粒子碰撞的控制技巧。

知识点 1 添加多边形碰撞

默认情况下，粒子并不会与多边形产生碰撞，如图6-128所示。这是因为当前多边形并没有设置碰撞功能。

为多边形添加碰撞功能的步骤如下：首先选择多边形模型，然后在菜单栏中执行"nCloth- 创建 - 创建被动碰撞对象"命令，如图6-129所示。此时播放动画，粒子与多边形平面就产生了碰撞效果，如图6-130所示。

图6-128

图6-129

图6-130

在粒子节点的"碰撞"属性栏中可以设置粒子的碰撞、自碰撞、碰撞强度等属性，如图6-131所示。这些属性与前文"布料"部分的知识点一致，在这里就不复述了。

图6-131

知识点 2 碰撞事件编辑器

粒子与多边形发生碰撞时，除了能够产生反弹与摩擦效果以外，还能产生分裂、发射等效果。利用粒子的这一特性，可以制作下雨、爆炸等特效画面。

实现粒子碰撞后分裂出更多粒子的效果，需要选择粒子，在菜单栏中执行"nParticle-编辑器-粒子碰撞事件编辑器"命令，在打开的"粒子碰撞事件编辑器"对话框中设置事件、粒子分裂数量等，如图6-132所示。

"对象"栏显示场景中的粒子与碰撞节点，"事件"栏显示场景中已创建的事件名称。

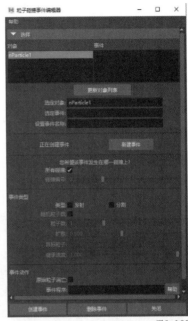

图6-132

选择粒子后单击"创建事件"按钮，就能为当前粒子添加粒子碰撞事件，并在"事件"栏大纲中出现新的事件"event0"，如图6-133所示。

图6-133

选择事件"event0"，可在"事件类型"栏中设置粒子碰撞后发射多少新粒子等效果，如图6-134所示。

类型："发射"表示一颗粒子碰撞后以发射的模式产生新的粒子，"分割"表示一颗粒子碰撞后以分裂的模式产生新的粒子。从视觉上看发射与分割一样，但是本质上新粒子与原粒子的关系不同："发射"模式的粒子之间是父子关系；"分割"模式则是平级关系，很多属性可以被继承。

图6-134

"粒子数"可设置一颗粒子碰撞后能够产生多少颗新粒子。

"扩散"可设置粒子扩散的角度，1代表180°，0.5代表90°。

"目标粒子"中为碰撞后新粒子的名字。

"继承速度"用于设置新粒子继承原始粒子的速度比。

勾选"原始粒子消亡"时，原始粒子消失。

比如，将"类型"设置为发射，"粒子数"设置为20，"扩散"设置为1，"继承速度"设置为1，勾选"原始粒子消亡"，并将所有的"粒子渲染类型"设置为Streak，效果如图6-135所示。

图6-135

第7节 综合案例——枪林弹雨

在前两节讲解了精灵片粒子与碰撞事件编辑器，本节将通过粒子碰撞的综合案例"枪林弹雨"的制作，使读者掌握粒子碰撞与精灵片的控制技巧。案例效果如图6-136所示。

图6-136

知识点 1 子弹轨迹制作

本案例要制作子弹撞击在墙壁，产生火花、烟雾、弹孔、碎屑的效果。首先使用多边形创建出地面与墙壁，搭建效果如图6-137所示。

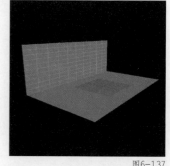
图6-137

子弹飞出的效果可以使用发射器发射粒子来模拟。首先在菜单栏中执行"nParticle-发射-创建发射器"命令，将发射器移动到合适位置。子弹是沿着发射器的朝向飞行的，需要将粒子的"发射器类型"设置为Directional（方向）；子弹飞出的速度快，需要将"基础发射速率属性"栏中的"速率"设置为150，如图6-138中的左图所示。播放动画，效果如图6-138中的右图所示。

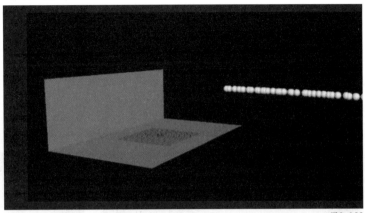

图6-138

模拟射击时在墙壁上留下一排弹孔的效果，需要控制发射器的发射方向。控制发射器的发射方向有两种方案，第一种方案是在发射器的"旋转"属性上K帧，第二种方案是通过约束的方式控制发射器的发射方向。

在菜单栏中执行"创建-定位器"命令，创建一个定位器。选择定位器，再加选发射器，在菜单栏中执行"约束-目标"命令，如图6-139所示。将发射器的"旋转"属性约束在定位器上，此时移动定位器的位置，发射器就会一直保持朝向定位器发射粒子，如图6-140所示。

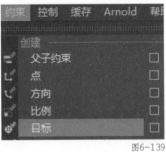

图6-139

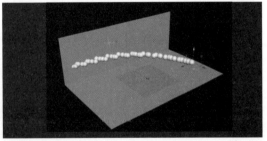

图6-140

在真实的世界里，子弹的数量是有限的，不会一直持续不断地发射。需要在发射器的"速率（粒子/秒）"上K帧，比如在第30帧设置为10，第31帧设置为0，效果如图6-141所示。

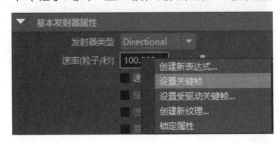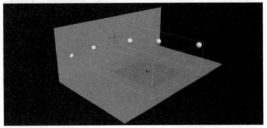

图6-141

子弹在高速飞行时呈线条状,需要将"粒子渲染类型"设置为长条状,粒子的"颜色"设置为橘黄色,并开启粒子的"颜色叠加",效果如图6-142所示。

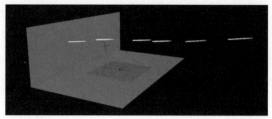

图6-142

知识点 2　火花制作

火花是由子弹撞击在墙壁上而产生的,需要将多边形设置为被动碰撞对象。选择多边形,在菜单栏中执行"nCloth-创建-创建被动碰撞对象"命令,播放动画,粒子就产生了碰撞效果,如图6-143所示。

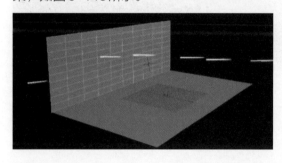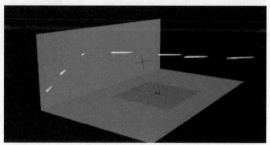

图6-143

单独的碰撞只能反弹一颗粒子,并不能实现大量火花的效果,需要通过"粒子碰撞事件编辑器"来实现。在菜单栏中执行"nParticle-编辑器-粒子碰撞事件编辑器"命令,选择粒子创建新的事件,将事件"类型"设置为发射模式,"粒子数"设置为50,"扩散"设置为1,"继承速度"设置为1,勾选"原始粒子消亡"。播放动画,就有了初步的火花效果,如图6-144所示。

火花是短暂出现的,需要将粒子的"寿命"值,设置得比较小,比如将粒子的"寿命"设置为0.3。为了实现粒子消失的前后顺序不同,可以将粒子的"随机寿命"设置为0.2。为了实现火花轻盈的效果,需要勾选"忽略解算器重力"。

如果需要表现火花飞溅的效果,则可以将"粒子渲染类型"设置为MultiStreak。粒子的"颜色"设置为橘黄色,并开启粒子的"颜色叠加"。播放效果如图6-145所示。

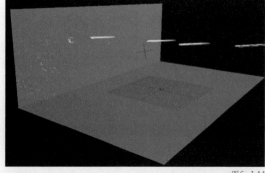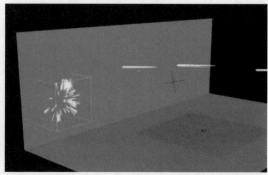

图6-144　　　　　　　　　　　　　　　　　　　　　　　图6-145

为了表现每一个火花飞出的速度有所差异，需要通过每粒子属性来实现粒子速度的随机。在每粒子属性的表达式编辑器里编写"float $pv=velocity;velocity=<<$pv.x*rand(1,1.5), $pv.y*rand(0.8,0.9),$pv.z*rand(1,1.5)>>;"，播放动画，就实现了火花速度的随机，如图6-146所示。

图6-146

知识点3 烟雾制作

烟雾效果的制作也是通过碰撞事件编辑器来实现的。打开"粒子碰撞事件编辑器"，选择第一套粒子，单击"新建事件"按钮，将新事件的"类型"设置为发射，"粒子数"设置为20，"扩散"设置为1，"继承速度"设置为0.2。将新粒子的"粒子渲染类型"设置为精灵片，粒子效果如图6-147所示。

图6-147

接下来创建烟雾的纹理。首先在材质编辑器里创建Lambert材质，然后在Lambert材质的"颜色"与"透明度"属性上链接一张烟雾的贴图，如图6-148所示。将Lambert材质赋予精灵片，播放动画，效果如图6-149所示。

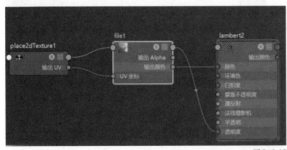

图6-148

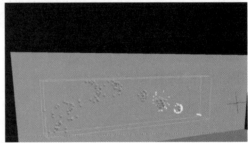

图6-149

烟雾产生后会迅速扩散开，可以通过缩放精灵片的大小来实现扩散的效果。在"表达式编辑器"的"创建时"编写"spriteScaleYPP=spriteScaleXPP=rand(0.01,0.02); spriteTwistPP=rand(0,360);"，实现每颗精灵片的大小不一和旋转角度不同。再在"运行时动力学前"编写"spriteScaleYPP=spriteScaleXPP+=0.8;"，实现精灵片逐帧变大0.8个单位的效果，如图6-150所示。

子弹击中后的烟雾除了能扩散开，还有快速消散的效果，可通过粒子的"不透明度"属性来模拟。首先为粒子添加不透明的每粒子属性，并在"表达式编辑器"的"创建时"编写"opacityPP=rand(0.2,0.6);"，实现粒子随机透明的效果。在"运行时动力学前"编写"if(opacityPP>0){opacityPP-=0.1;}"，实现粒子逐帧变透明的效果。播放动画，效果如图6-151所示。

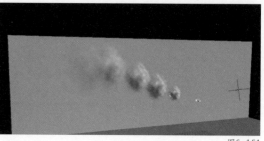

图6-150　　　　　　　　　　　　　　　　　　　图6-151

知识点 4　碎屑制作

　　碎屑的效果由子弹击碎的墙面产生，模拟方法与制作烟雾、火花的技巧一样。打开"粒子碰撞事件编辑器"，选择第一套粒子，单击"新建事件"。将新事件"发射粒子方式"设置为"发射"，"新产生粒子"的数量设置为20，"扩散"设置为1，"继承速度"设置为0.3。

　　为了便于观察，可暂时将粒子的颜色设置为红色。播放动画，观察效果，碎屑粒子飞散的范围比较大，如图6-152所示。想要缩小粒子飞散的范围，可以增加解算器重力，或者减小粒子的继承速度，最终效果如图6-153所示。

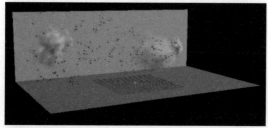

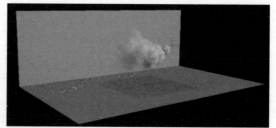

图6-152　　　　　　　　　　　　　　　　　　　图6-153

知识点 5　弹孔制作

　　子弹撞击墙面后会留下一个弹孔，弹孔的制作思路和火花、烟雾等一样，也是通过粒子的碰撞事件编辑器来实现。实现弹孔的粒子在碰撞编辑器里，需要设置的重要的参数为"粒子数=0""继承速度=0"，即模拟子弹的粒子在撞击墙面时只产生一颗粒子，并且不继承任何速度，模拟弹孔的粒子就固定在原地。

　　再将"粒子渲染类型"设置为精灵片，并将精灵片的大小比例设为2。在精灵片上链一个带有弹孔的材质，效果如图6-154所示。

　　播放动画，此时完成了弹孔的制作，效果如图6-155所示。

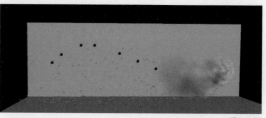

图6-154　　　　　　　　　　　　　　　　　　　图6-155

　　隐藏多边形平面，通过相机在场景中投射一张背景图，就可以实现子弹射击墙面的效果，如图6-156所示。

图6-156

　　"枪林弹雨"案例的核心是粒子碰撞事件编辑器的使用，注意在"粒子碰撞事件编辑器"里，在编辑多套事件时"原始粒子消亡"只能勾选一次，否则粒子运算会出错。在表现不同元素时，粒子的继承速度、发射数量各不相同。

第8节 粒子替代

　　粒子替代是粒子特效中非常重要的部分，主要是将粒子替换为多边形模型或者动画文件。利用粒子替代这一技术，可以快速创建出树林、城市、群集动画等效果。本节将学习进行粒子替代时如何控制模型的索引、旋转、缩放等知识，帮助读者掌握粒了替代的使用技巧。

知识点 1 粒子替代步骤

　　首先打开"Class_06_FX_Particle\Particle_pg\scenes" 文件下的场景文件"Instancer001.mb"。场景中有从多边形平面上发射的粒子，发射器的发射速度为0，粒子的"忽略重力场"已勾选，播放动画，效果如图6-157所示。

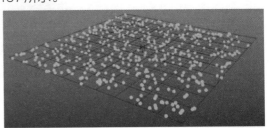

图6-157

在网格中心还有6个多边形模型，如图6-158所示。这几个是用于粒子替代的原模型。

粒子替代的步骤如下：首先选择模型，然后选择粒子，再在菜单栏中执行"nParticle-创建-实例化器"命令，此时平面上的粒子就被转化为多边形模型，如图6-159所示。

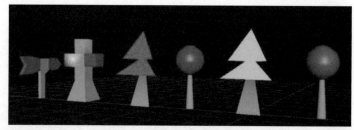

图6-158

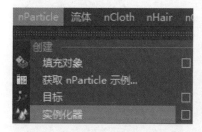

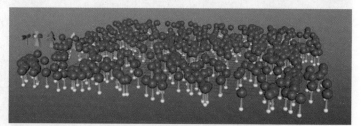

图6-159

知识点 2 粒子替代——索引

当粒子执行完"实例化器"命令后，在大纲视图中会出现一个替代节点"instancer1"，如图6-160所示。打开替代节点的属性面板，在"实例化对象"大纲中会陈列出替代模型的编号，如图6-161所示。

默认情况下，粒子只能选择编号为0的模型执行替代，所有粒子替代的模型都一样。想要实现每个粒子替代不同的模型，需要执行以下步骤：首先在"每粒子（数组）属性"栏里添加"常规"属性，并将"常规"属性的名称设置为obj_instancer，"数据类型"设置为浮点型，"属性类型"设置为每粒子（数组），如图6-162所示。

图6-160

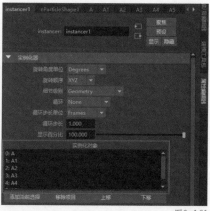

图6-161

图6-162

然后在"每粒子（数组）
属性"栏里新增的属性"Obj
Instancer"上单击鼠标右键，
执行快捷菜单中的"创建表达
式"命令，如图6-163所示。

图6-163

在"表达式编辑器"的创建时编写"obj_instancer=rand(0,5);"，即"Obj_
Instancer"的值在0 ~ 5中随机选择。最后在粒子的"实例化器（几何体替换）"属性栏里，
将"对象索引"由"无"切换至"Obj_instancer"，如图6-164所示。再播放动画，就实现
了每一颗粒子替代不同模型的效果，如图6-165所示。

图6-164

图6-165

粒子实现替代不同模型的本质，是通过"对象索引"读取"每粒子（数组）属性"栏里
的Obj Instancer中的数据，Obj Instancer通过表达式被赋予了随机数据。当某一颗粒子的
Obj Instancer=0时，该粒子就替换替代节点"instancer1"里编号为0的模型。

知识点 3 粒子替代——旋转

默认情况下，替代
模型的方向都是统一的，
如图6-166所示。这是
因为控制替代模型旋转
的属性是关闭的。

实现替代模型方向
随机的步骤如下：首先
在"每粒子（数组）属

图6-166

性"栏中添加"常规"属性，并将属性的名称设置为obj_rota，"数据类型"设置为向量，
"属性类型"设置为每粒子（数组），如图6-167所示。

然后在新增的"Obj Rota"属性上单击鼠标右键，执行快捷菜单中的"创建表达式"命令，在"表达式编辑器"中编写表达式"obj_rota=<<0,rand(360),0>>;"，如图6-168所示。

图6-167

图6-168

三维模型由X、Y、Z这3个轴向控制旋转，"obj_rota=<<0,rand(360),0>>;"表示模型的Y轴方向可以在0 ~ 360度随机。如果需要实现X方向的随机，也可以将表达式编辑为"obj_rota=<<rand(360),0,0>>;"。表达式编辑完毕后，再将"实例化器（几何体替换）"属性栏中的"旋转"设置为obj_rota，就实现了替代模型的Y轴方向随机，如图6-169所示。

图6-169

知识点4 粒子替代——缩放

默认情况下，替代模型的大小都是统一的，这是因为控制替代模型大小的属性是关闭的。实现模型缩放的步骤与控制模型旋转的步骤相似。首先在"每粒子（数组）属性"栏中添加"常规"属性，并将属性的名称设置为obj_size，"数据类型"设置为向量，"属性类型"设置为每粒子（数组）。

然后在"每粒子（数组）属性"栏里新增的"Obj Size"属性上单击鼠标右键，执行快捷菜单中的"创建表达式"命令，编辑表达式内容为"obj_size=rand(0.6,1.2);"，如图6-170所示。

rand(0.6,1.2)表示模型在原有基础上缩放0.6 ~ 1.2个单位。三维模型缩放时需要等比例缩放，所以X、Y、Z方向的缩放值必须统一。在这

图6-170

里不可以使用"<<rand(0.6,1.2),rand(0.6,1.2),rand(0.6,1.2),>>"方式，这样写表示模型 X、Y、Z方向的缩放各自都是随机的，模型将不是等比例缩放。

表达式编辑完毕后，再将"实例化器（几何体替换）"属性栏中的"比例"设置为obj_ size，就实现了替代模型的大小随机，如图6-171所示。

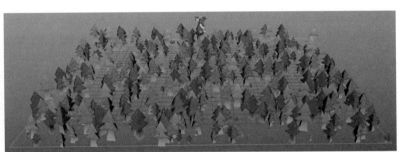

图6-171

粒子替代为实体模型时，需要为每粒子添加3个基本属性。一个浮点的属性用于控制模型的索引，表达式编写为"rand(0,替代模型的数量)"。两个矢量属性用于控制模型的大小与旋转。旋转表达式编写为"<<0,rand(360),0>>"，其中，rand(360)可以是任意轴向。缩放表达式编写为"rand(0.6,1.2)"，rand内的数据可以根据实际需要来填写。当替代模型的3个属性都开启时，最终效果如图6-172所示。

图6-172

第9节 粒子目标

目标（goal）技术可以将粒子吸引到模型表面，并控制粒子沿着模型表面移动，是实现群集动画等常用的技术。本节将讲解目标权重、goalU、goalV等知识，使读者掌握目标控制粒子沿着曲面运动的技术。

知识点 1 创建目标粒子

要将粒子吸引到模型表面，需要使用粒子的目标技术。首先选择粒子，然后加选模型，再在菜单栏中执行"nParticle-创建-目标"命令，如图6-173所示。

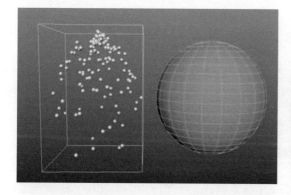 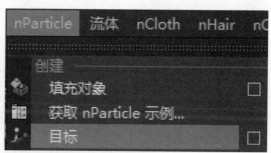

图6-173

播放动画时粒子会被吸引到模型的顶点，如图6-174所示。

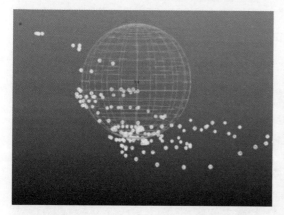 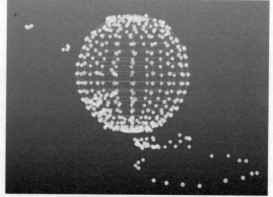

图6-174

执行了"目标"命令后，粒子的"目标权重和对象"属性栏就被激活，如图6-175所示。其中，"pSphereShape1"用于设置粒子吸引的权重值。当该值为0.5时，吸引力比较弱，粒子需要经过一段时间才能完全停留在模型上，如图6-176所示。当该值为1时，吸引力比较强，粒子瞬间就会被吸引在模型上，如图6-177所示。

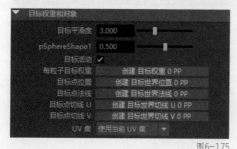  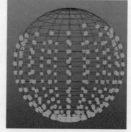

图6-175 图6-176 图6-177

知识点 2 goalU 和 goalV

执行"目标"命令后，粒子只能被吸引到模型的顶点。如果要使粒子分布到模型表面去，则需要使用goalU和goalV技术。

首先选择粒子，再加选模型，在菜单栏中执行"nParticle-创建-目标"命令，再将粒子的权重值设置为1，此时粒子被吸引到了模型表面，如图6-178所示。

然后在粒子的"添加动态属性"栏中单击"常规"按钮，在"添加属性"对话框里选择"粒子"中的goalOffset、goalU、goalV属性，如图6-179所示。

图6-178

图6-179

goalOffset属性控制粒子的偏移。goalU控制粒子在模型UV的U方向的坐标位置。goalV控制粒子在模型UV的V方向的坐标位置。粒子使用goalU、goalV时，模型必须拥有UV信息，如图6-180所示。

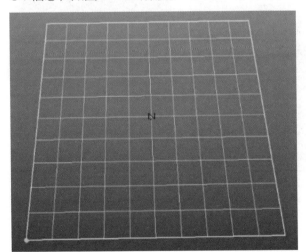

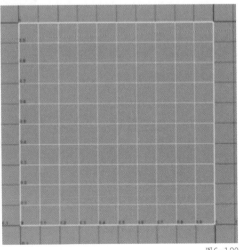

图6-180

当前模型为多边形平面，模型的UV正好对应UV编辑器0～1的坐标范围。在"goalU"上单击鼠标右键，执行快捷菜单中的"创建表达式"命令，将表达式的内容编辑为"goalU=rand(0.3,0.6);"。此时粒子会在模型最下面一条边的3/10～6/10处汇聚，如图6-181所示。

图6-181

其实控制粒子分布的核心工作是使粒子读取该模型UV的坐标信息。当"goalU=rand(0.3,0.6);"时，代表粒子分布在模型U坐标0.3～0.6的位置。如果将表达式修改为"goalV=rand(0.3,0.6);"，代表粒子分布在模型V坐标0.3～0.6的位置，如图6-182所示。

图6-182

知识点3 粒子沿着曲面运动

goalU、goalV既可以控制粒子在曲面随机分布，也可以控制粒子在模型表面移动。比如在"表达式编辑器"里，创建表达式时将当前粒子的goalU编辑为"goalU=rand(0,1);"，即粒子在模型U坐标上随机分布，实际效果为粒子在模型的一条边上随机分布。再在"运行时动力学前"编写"goalV+=0.02;"，如图6-183所示。

图6-183

播放动画时，粒子对应模型UV的V坐标值逐步增加0.02个单位，实际效果为粒子在模型的V方向上前移，如图6-184所示。

图6-184

模型的UV分布范围为0～1，则该多边形平面的V坐标最大值为1。"goalV+=0.02"表示粒子读取的V坐标值，在播放动画时会持续增加。当这个值增加到大于1时，粒子就无法在模型上正确分布了，就会出现粒子堆积和播放动画时卡顿的问题，如图6-185所示。

为了避免出现粒子堆积和播放动画时卡顿的问题，需要使goalV值大于1的粒子消亡。制作步骤如下：首先将"寿命"属性栏里的"寿命模式"设置为lifespanPP only，即使用表达式控制粒子寿命。再在"每粒子（数组）属性"栏里选中"lifespanPP"，单击鼠标右键，执行快捷菜单中的"创建表达式"命令，在"表达式编辑器"中编写内容"goalV+=0.02;if(goalV>0.99){lifespanPP=0;}"，如图6-186所示。

图6-185　　　　　　　　　　　　　　　　　　　　　　　　图6-186

"if(goalV>0.99){lifespanPP=0;"为条件语句，if"()"里的内容为满足的条件，"{}"里的内容为执行结果。当前表达式的意思为，如果粒子的goalV值大于0.99，该粒子的寿命为0。

以上为控制粒子沿着曲面运动的技巧。注意goalV、goalU的取值范围与模型的UV的具体位置有关，制作时要根据具体情况选择数值。

第10节 综合案例——万马奔腾

上两节讲解了粒子替代与粒子目标的相关知识，本节将通过综合案例"万马奔腾"的讲解，使读者掌握粒子目标和粒子替代的使用技巧。

知识点 1 地面模型搭建

使粒子沿着模型表面移动的核心工作是控制粒子在模型UV上的位置，模型UV的处理非常重要。在本案例中不仅要表现马群在地面上奔跑，还有表现马群避开障碍物的效果。地面模型处理步骤如下。

首先创建两个多边形平面，然后各删除一半，如图6-187所示。

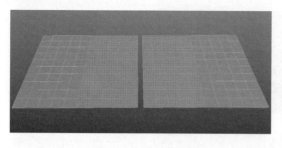

图6-187

> **注意** 多边形一定要选择平面，因为多边形平面的UV完全对应UV坐标系的0 ~ 1的坐标范围。如果选择球形或者方形的多边形，它们的UV并不是完全对应UV坐标系的0 ~ 1的坐标范围，无法使用goalV、goalU进行控制。

然后将两个多边形对齐并缩放，调节平面上的点制作出裂缝的效果，最后将两个平面合并，如图6-188所示。

图6-188

> **注意** 制作中间裂缝的目的是模拟粒子避开障碍物的效果，裂缝所在的位置用于摆放障碍物模型。

知识点 2 素材整理

在菜单栏中执行"缓存-Alembic缓存-导入Alembic"命令，如图6-189所示。将马的动画文件导入当前场景。

图6-189

为了得到更多替代模型，可以将各个模型分别导入5次，得到5个模型素材。再将每匹马的动画缓存偏移不同的范围，最终得到5个动态各异的马的模型，如图6-190所示。

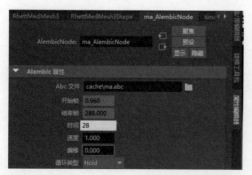

图6-190

为了便于观察，可以将每一匹马设置为不同的颜色，效果如图6-191所示。

图6-191

知识点3 制作粒子动态

在菜单栏中执行"nParticle-发射-创建发射器"命令，创建发射器，然后选择粒子，再加选地面模型，执行"nParticle-创建-目标"命令，将粒子吸引至模型顶点，如图6-192所示。

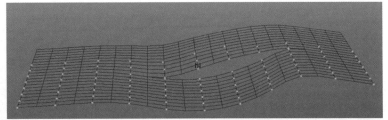

图6-192

在"每粒子（数组）属性"栏中添加goalU、goalV属性，并在"表达式编辑器"的创建时编写"goalV=rand(0,1);"，"运行时动力学前"编写"goalU+=0.01;if(goalU>0.99){lifespanPP=0;}"，如图6-193所示。

图6-193

> **注意** 在编写goalU、goalV时要根据模型自身的UV位置来选择粒子是分布在U方向或者V方向，否则会导致粒子前进的方向是反向的。"goalU+="后面的值越大，粒子前进的速度越快，粒子对应的模型前进的速度也就越快。由于马的模型读取的是ABC格式的动画，奔跑的节奏是固定的。粒子前进的速度过慢或者过快都会导致整体马群的动画节奏不正确。

表达式编辑完毕后，粒子就会沿着曲面前行，动画效果如图6-194所示。

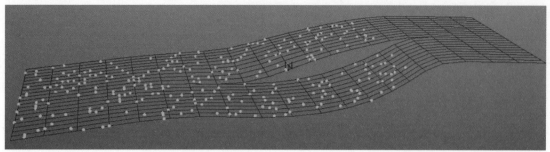

图6-194

知识点4 群集动画模型替代

粒子动态制作完毕后，开始制作粒子替代。首先选择场景中所有马的模型，再加选粒子，在菜单栏中执行"nParitcle-创建-实例化器"命令，播放动画，得到的效果如图6-195所示。

图6-195

在"每粒子（数组）属性"栏中添加新的浮点的属性"obj_int"，然后在"表达式编辑器"中编写"obj_int=rand(0,5);"，再将粒子的"实例化器（几何体替换）"中的"对象索引"值设置为obj_int，使粒子通过obj_int属性随机选择不同的马的模型，播放动画，效果如图6-196所示。

当前马的模型太大，需要通过替代模型的缩放属性来控制马的大小。首先在"每粒子（数组）属性"栏中添加一个矢量的新属性"obj_size"，再在"表达式编辑器"中编写"obj_size=rand(0.09,0.1);"，即每个模型缩小至原尺寸的0.09 ~ 0.1个单位。最后将粒子的"实例化器（几何体替换）"中的"比例"调至obj_size，实现马模型的缩放，播放动画，效果如图6-197所示。

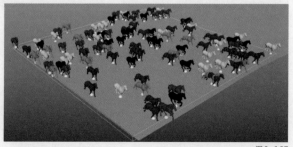

图6-196

图6-197

知识点 5 群集动画方向控制

前面完成了马模型的大小与种类的制作，但是马前进时身体是侧着的，需要使马的头部与前进的方向保持一致才是正确的。

控制马前行的方向的步骤如下。首先在"每粒子（数组）属性"栏中添加新的矢量的每粒子（数组）属性"obj_rota"，然后在"表达式编辑器"中编写内容"obj_rota=<<0,0,1>>"，并将目标粒子"实例化器（几何体替换）"中的"目标轴"调至obj_rota。目标轴属性需要一个矢量属性控制，"<<0,0,0>>"内的3个0分别代表X、Y、Z这3个方向，1代表正方向，-1代表负方向。"obj_rota=<<0,0,1>>"表示模型的Z方向为朝前方向，如图6-198所示。

图6-198

当粒子前进至弯曲的区域，马的身体也应该顺着地形发生偏转弯曲，此时还需要将粒子的"实例化器（几何体替换）"中的"目标轴"调至速度模式，使粒子向前运动时，方向会随着随机速度改变。最终效果如图6-199所示。

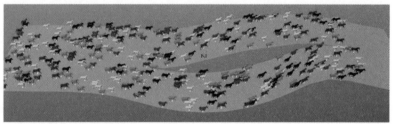

图6-199

本案例的核心技术是粒子目标和粒子替代，粒子目标使用goalU和goalV设置粒子在UV坐标上的位置，模型UV的处理是本案例最重要的部分。替代技术使用索引设置模型的种类，用于替代的模型必须是可循环的动画，否则会导致群集动画不连贯。控制替代模型的方向也是本案例的重点知识。若想使粒子的前进方向随着地形偏转则需要将"目标方向"设置为速度，且目标方向需要根据替代模型的朝向来设置。

本课练习题

一、填空题

（1）从模型表面发射粒子需要将发射器类型设置为＿＿＿＿＿＿＿＿＿＿＿。

（2）粒子的形态可以在＿＿＿＿＿＿＿＿＿＿ 中更改。

（3）对粒子执行"目标"命令后，需为粒子添加＿＿＿＿＿＿＿＿＿＿属性来控制其在模型上移动。

参考答案

（1）曲面（Surface）模式

（2）粒子节点的"粒子渲染类型"

（3）goalU goalV

二、选择题

（1）控制粒子索引的属性应该是＿＿＿＿＿＿＿＿＿数据类型。

A.浮点　B.矢量　C.整数　D.枚举

（2）粒子实例化时，控制替代模型的大小、旋转的属性应该是＿＿＿＿数据类型。

A.浮点　B.矢量　C.整数　D.枚举

参考答案

（1）A

（2）B

第 **7** 课

刚体特效

刚体特效是指运用三维软件中的动力学系统，模拟现实世界里质地较硬物体的运动，比如破碎的石头、坍塌的建筑等。刚体特效是电影中非常常见的特效，也是电影艺术家表现宏大特效场景时常用的艺术手段。

本课将讲解PDI模型破碎方式、刚体关系编辑、高级破碎、刚体特效模拟等知识，使读者掌握刚体特效的制作技巧，并能完成建筑破碎等刚体视效作品。

本课知识要点

◆ 刚体的基本概念

◆ 刚体破碎的样式

◆ 设置主动刚体与被动刚体

◆ 动力学特性

◆ 刚体节点管理器与解算器

◆ 高级刚体设定

◆ 烘焙关键帧与添加截面细节

◆ 综合案例——被撞碎的圆柱

第1节　刚体的基本概念

制作刚体特效前，需要先理解刚体特效中的破碎模式、主动刚体、被动刚体、高级破碎等基础概念，才能理解刚体破碎的制作流程与原理。本节将讲解刚体特效中的未裂先碎、碎裂纹理等概念，使读者掌握刚体相关的基础知识。图7-1中崩裂的地面、破碎的建筑物都是刚体特效的杰作。

图7-1

知识点 1　未裂先碎

在现实世界里，物体未受到外力作用时自身是完整的，受到外力的作用才破碎裂开。而在三维软件中是先将物体破碎成小块，再施加外力让碎块产生位移效果，模拟撞碎的效果，如图7-2所示。

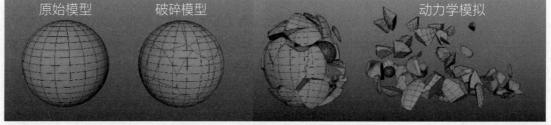

图7-2

制作小球破碎特效时，首先要将完整的球体模型拆分成小块，模型表面上看是完整的球体，其实该球体是由无数个小碎块组成的。然后再将碎块设置为动力学元素进行动态模拟，从视觉上呈现出小球被撞击而破碎的效果。因此制作刚体特效的第一步是拆分模型，也叫作破碎模型。

知识点 2　碎裂纹理

构成大千世界万物的元素各不相同，在受到外力破坏时产生的碎裂效果也各不相同，比如木头碎块呈不规则长条状（见图7-3），大理石或砖墙的碎块为不规则块状，如图7-4所示。

受到的外力大小不同，破碎区域的纹理也不同，比如受到子弹或者炮弹冲击时纹理呈放射状（见图7-5），地裂开时纹理呈长条状，如图7-6所示。

图7-3

图7-4

图7-5

图7-6

在模拟一个破碎效果时，首先需要根据模拟对象的材质和断裂特点，选择合理的破碎纹理对模型进行拆分，这样才能在特效制作中得到可信度高的画面效果。

知识点 3 主动刚体与被动刚体

制作刚体特效主要是模拟物体之间的碰撞关系，在模拟之前首先需要定义物体的刚体属性。刚体按属性分为主动刚体与被动刚体。主动刚体在运动时受到重力、碰撞、初始速度等的控制。被动刚体则不受任何力场的影响，仅仅参与碰撞的运算。

如图7-7所示，在画面中蓝色的小球和绿色的圆柱体被定义为主动刚体，红色的模型被定义为被动刚体。在播放动画时，小球会受到初始力的影响向前运动并撞击到圆柱体，圆柱体受到碰撞后会碎裂成小块，红色的模型保持在原地但参与了碰撞，如图7-8所示。

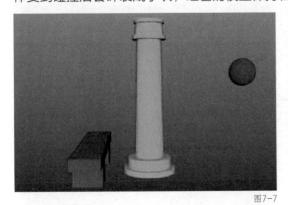
图7-7

图7-8

被动刚体与主动刚体可以切换。比如图7-7中间的绿色圆柱体，在碰撞之前是被动刚体，可以保持原地不动，受到碰撞后由被动刚体转换为主动刚体，开始进行坍塌等动态模拟。被动刚体切换到主动刚体，是制作刚体特效中常用的技术。

知识点 4　高级破碎

一般的三维软件制作的一个物体被撞击后破碎，碎片呈全部散落的动态不够真实，如图7-9所示。真实世界里的破碎往往非常复杂，比如建筑物在坍塌时并不是瞬间破碎，而是渐进式的碎裂，先由大块碎裂成中等大小的块，再碎裂成更小的碎块。有的物体质地坚硬，在外力作用下裂而不碎，如图7-10所示。

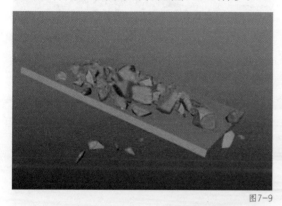
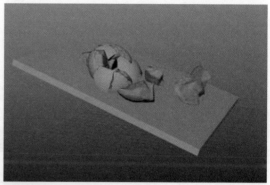

图7-9　　　　　　　　　　　　　　　　　　　　　　图7-10

实现这种渐进式的破碎和局部裂而不碎的技术，被称为高级破碎。高级破碎技术可以让破碎的动态产生更多细节，从而使画面模拟得更加真实。

知识点 5　刚体缓存

刚体特效的动态是通过计算机计算出来的，并不能支持实时预览。当刚体动态调节完毕后，必须将动态数据记录下来，以便进行后续的渲染工作。记录刚体动态数据的过程称为刚体缓存。

刚体缓存非常重要，如果刚体没有创建缓存，每次只有通过逐帧计算后，才能观察动态，这会占用大量的制作时间。并且有的计算机没有安装对应的刚体插件，即便是读取了场景文件也无法进行刚体的动态模拟。

刚体创建缓存的方式与粒子、布料等特效元素不同，刚体创建缓存是通过记录物体移动的关键帧来实现的，如图7-11所示。

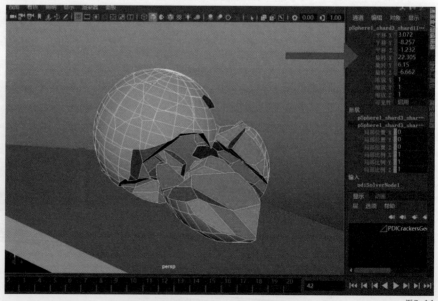

图7-11

注意 刚体创建完缓存后无法再调节动态，只有删除刚体的缓存，才能进行重新模拟。

知识点 6 截面细节

在真实世界里，物体破碎后，在断裂处往往呈现不规则截面。使用三维软件模拟这些截面细节时，需要将模型的细分级别提高。但是提高模型的细分级别会增加刚体的解算数据量，延长解算时间。

在进行刚体特效模拟时，这些截面并不添加细分，而是在简模的基础上进行动态模拟。完成刚体的缓存后，再基于截面的材质制作凹凸效果和添加细分，这些凹凸区域并不会参与碰撞的解算，从而既保证了解算时的效率，又保证了最终的画面细节，如图7-12所示。

图7-12

第2节 刚体破碎的样式

物体的质地不同，碎裂成的形状也各不相同。刚体破碎的第一步是将模型碎裂成需要的形状。本节将讲解模型破碎的几种样式，使读者掌握破碎模型的技巧。

知识点 1 PDI 刚体插件介绍

Maya自带的刚体系统功能单一，不能实现高质量的破碎效果。本课制作刚体特效时使用的是Maya的破碎插件——Pilldownit。Pilldownit是一款特别优秀的刚体插件，简称PDI。它能够制作复杂的刚体破碎效果，模拟丰富的破碎形态，而且PDI插件操作简单、制作流程清晰，是Maya平台上优秀的刚体插件。

在正确安装PDI插件后，需要在"插件管理器"中勾选"pdlMaya4xDemo.mll"，在工具架上会出现PDI的工具组，如图7-13所示。

图7-13

知识点 2　均匀破碎

PDI支持多边形模型的破碎，但不支持曲面模型和细分模型，破碎之前需要检查模型类型。单击PDI工具架上的 ▣ 图标可以打开破碎面板，如图7-14所示。

"Seed"（随机种子数）。破碎模型时，碎块是随机分布的，设置该值可以更改随机方式。

"Num Shards"（破碎数量）。该值可以定义破碎时，模型能够拆分成多少块。

"Preview"（预览）。开启该属性可以预览破碎点的分布，如图7-15所示。移动坐标轴可以移动破碎点。

"Shatter Style"（破碎样式）。单击后面的下三角形按钮，可以打开破碎的预设，如图7-16所示。预设里的各种效果可以使模型的裂纹像木纹、石材等。

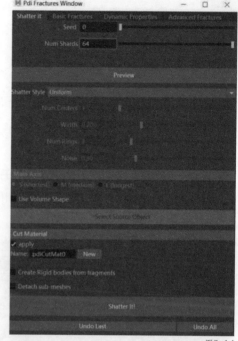

图7-14

图7-15

图7-16

将"Shatter Style"设置为Uniform（均匀），选择模型，再执行"Shatter It"（破碎）命令破碎模型。模型破碎后，每一个碎块的大小和体积一样，如图7-17所示。

图7-17

Uniform（均匀）模式适合模拟石膏、石块等易碎物体的破碎效果。

知识点 3 局部破碎

将"Shatter Style"设置为Local（局部），选择模型，再执行"Shatter It"命令破碎模型。破碎点中心位置的碎块小，离破碎点中心位置远的碎块大，如图7-18所示。

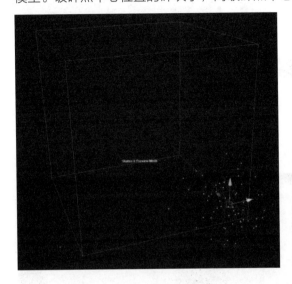
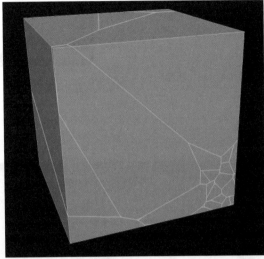

图7-18

物体受到外来撞击而破碎时，接触面受力最大，此面物体碎裂得最厉害，碎块更多、体积更小，Local模式就可以模拟类似的效果。

图7-19

当切换至Local模式时，"Num Centers"（中心数量）和"Width"（宽度）将被激活，如图7-19所示。

"Num Centers"可以增加局部破碎时，中心点的数量，比如将其分别设置为1和3，效果如图7-20所示。"Width"可以控制破碎点的分布范围，比如将其分别设置为0.1和0.8，效果如图7-21所示。

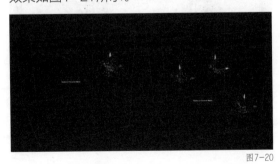

图7-20   图7-21

知识点 4 圆形破碎

将"Shatter Style"设置为Radial（圆形），选择模型，再执行"Shatter It"命令破碎模型。碎片呈圆形分布，如图7-22所示。

199

设置为Radial模式时，
"Width""Num Rings"
（环形数量）"Noise"（噪
波）和"Main Axis"（轴
方向）将被激活，如图
7-23所示。

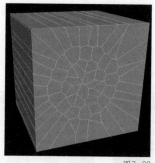

图7-22

图7-23

"Width"用于设置圆形区域的范围；"Num Rings"用于设置圆环的数量；"Noise"可以使圆环中裂纹的排列产生随机效果；"Main Axis"可以选择X、Y、Z不同轴向的效果，比如将3个轴向分别选择为S、M、L，效果如图7-24所示。

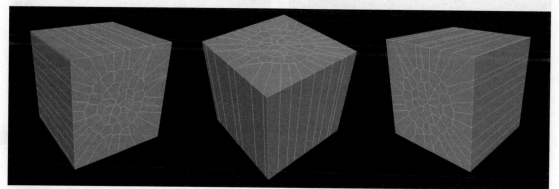

图7-24

知识点5 木材碎片

将"Shatter Style" 设 置 为Wood
splinters（木材碎片），选择模型，再执行
"Shatter It"命令破碎模型。碎片效果类似
木头碎裂时的不规则条状，如图7-25所示。

设 置 为"Wood splinters" 模 式 时，
"Width"和"Main Axis"都会被激活，设
置方法与上述一致。

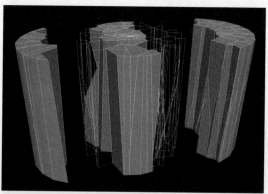

图7-25

知识点6 路径破碎

将"Shatter Style"设置为Path Based（基于路径）时如图7-26所示，需要在模型内部绘制一条曲线，选择模型，再执行"Shatter It"命令破碎模型，模型会沿着曲线碎裂，如图7-27所示。

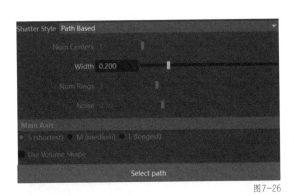

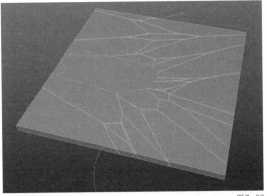

图7-26

图7-27

Path Based可以制作地裂、冰裂等效果。

知识点7　颜色破碎

将"Shatter Style"设置为Vertex Color（顶点颜色）时，首先需要在模型上为顶点绘制颜色，然后再执行"Shatter It"命令破碎模型。白色区域破碎密度高，黑色区域破碎密度低，如图7-28所示。

图7-28

知识点8　相似获取

PDI破碎时，碎块的大小与破碎的纹理是随机的，如果需要让相似的模型保持一样的破碎效果，可以将"Shatter Style"设置为Acquire（获取）。首先选择已破碎好的模型，在破碎面板中执行"SelectSource"命令添加参考对象，然后执行"Shatter It"命令破碎模型，第二个模型的碎裂效果就与参考对象保持一致，如图7-29所示。

多边形破碎后截面的材质呈现绿色，如图7-30所示。这是因为"Cut Material"（截面材质）属性栏默认开启了"apply"（定义截面材质功能），如图7-31所示。

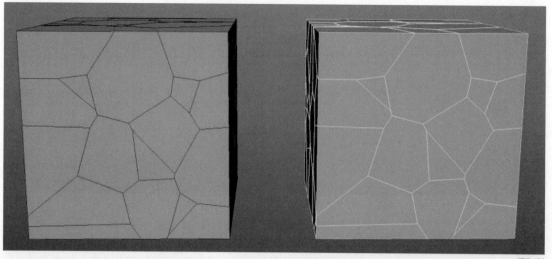

图7-29

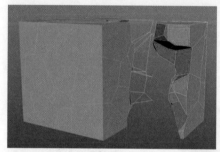

图7-30

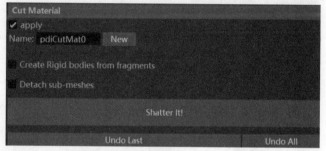

图7-31

"Name"可以定义新材质的名称。

勾选"Create Rigid bodies from fragments"可以将破碎后的模型直接转换为刚体,一般不勾选。

勾选"Detach sub-meshes"可以将细分的面拆分。

"Undo Last"表示撤销最后一步,"Undo All"表示撤销所有。

第3节 设置主动刚体与被动刚体

模型破碎完毕后并不能直接进行动态模拟,需要定义模型的刚体属性后才能进行模拟。本节将讲解被动刚体与主动刚体切换等知识,使读者掌握设定刚体的基本流程。

知识点 1 设置主动刚体

单击PDI工具架上的  图标,可以打开设定刚体属性面板,如图7-32所示。"Type"中设置了3种刚体类型,如图7-33所示。

图7-32

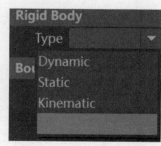

图7-33

"Dynamic"（主动刚体）。选择破碎模型，将"Type"设置为Dynamic时，模型就变成了主动刚体。主动刚体在播放动画时，会受重力影响自动下落，并会自动计算碰撞等效果，如图7-34所示。

图7-34

知识点 2 设置被动刚体

"Static"（静态），表示静态也表示被动刚体。选择破碎模型，将"Type"设置为Static时，模型就变成了被动刚体。在播放动画时，被动刚体不会受任何力场影响，但能够参与主动刚体的碰撞，如图7-35所示。

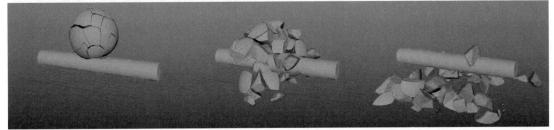

图7-35

画面中的圆柱体被设定为被动刚体，圆柱体参与了碰撞，但自身并没有发生位移。

知识点 3 被动刚体与主动刚体切换

将"Type"设置为Static时，"Activation"（激活）属性栏将被激活，并且其中提供了3种激活方式，如图7-36所示。

图7-36

"Never"（从不）。表示模型被设为被动刚体后，从不发生位移变化，保持原地不动。

"At first hit"（撞击时激活）。选中该方式时，只有刚体碰撞到该模型，模型才会由静止状态转化为动态刚体，并参与破碎的计算。图7-37中的圆柱体被设定为被动刚体，选中"At first hit"，未碰撞时圆柱体保持在原地，撞击后圆柱体也跟着碎裂了。"At first hit"是被动刚体转为主动刚体常用的功能。

"At frame"（在某一帧激活）。选中该方式时，可以设定被动刚体在第几帧时由静止状态转化为主动刚体，并开始动态模拟。

图7-37

知识点4 关键帧刚体

还有一种刚体特效，要求物体必须按照自身的轨迹运动，但物体参与刚体碰撞。这类模型不能够直接设置为主动刚体，因为主动刚体的动态受到动力学参数的限制，比如锤子击打墙体、飞机撞击建筑物等。

模拟这类运动轨迹固定的模型，可以将"Type"设置为Kinematic（运动学）是指将有

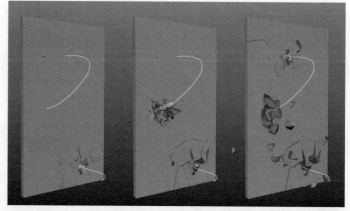

图7-38

位移动画的物体设置为主动刚体，但物体依然保留自身的动画轨迹。被设置为Kinematic的刚体能够保持自身的运动轨迹，同时能够参与刚体动力学解算，如图7-38所示。将画面中的火箭模型设为Kinematic刚体后，模型自身保留了运动轨迹，又参与了墙体的碰撞。

> **注意** 当模型被设置为刚体后，模型的属性栏中会增加刚体节点属性。此时不能随意编辑模型，如果需要移动、旋转模型，需要执行"Update Tranform"命令更新坐标位置。

第4节 动力学特性

模型被设置为刚体后，在"动力学特性"面板中可以设置刚体的弹力、摩擦力和初始速度等，进一步优化刚体的动态。单击PDI工具架上的 ▨ 图标，或者单击刚体设置的第二个属性栏"Dynamic Properties"可以打开"动力学特性"面板，如图7-39所示。

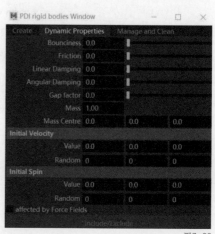

图7-39

知识点 1 动力学基础参数

"Bounciness"（弹力）。该参数用于设置刚体碰撞后的反弹力。

"Friction"（摩擦力）。该参数用于设置刚体运动时与物体之间的摩擦力大小。

"Linear Damping"（线性阻尼）。增大该值可以增大刚体向前的阻力。

"Angular Damping"（角度阻尼）。增大该值可以降低刚体旋转的速度。

"Gap factor"（间隙系数）。该参数用于设置刚体之间的最近距离，增大该值可以使碎块之间产生排斥力，使刚体碎块分布得更远。

"Mass"（质量）。该参数可以定义刚体自身的质量。它非常重要，刚体碰撞时质量大的刚体可以击碎质量小的刚体，反过来质量小的刚体无法击碎质量大的刚体。如图7-40所示，小球的质量太小，会被墙壁反弹回来。将小球的质量增大，小球就能击碎墙壁，如图7-41所示。

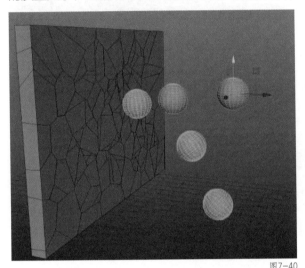

图7-40

图7-41

"Mass Center"（质量中心）。默认坐标以物体中心为轴心，但在模拟某些物体时，比如在空中飞舞的铁锤，物体是以质量最大的部位为中心旋转的。通过该参数就可以定义刚体的轴心位置。

知识点 2 初始速度

在"Initial Velocity"（初始速度）属性栏中可以赋予刚体一个初始力，使刚体沿着某一个方向运动，可以模拟投射的石块等效果。

"Value"可以设置初始速度的方向与强度，其后的3个输入文本框分别代表X、Y、Z轴向。

"Random"（随机）。该参数可以赋予每一块碎片不同的初始速度。

知识点 3 初始旋转

在"Initial Spin"（初始旋转）属性栏中可以赋予刚体初始旋转力，使刚体沿着某一个方向旋转，可以模拟旋转的陨石等效果。

"Value"可以设置初始旋转力的方向与大小，其后的3个输入文本框分别代表X、Y、Z轴向。

"Random"（随机）。该参数可以赋予每一块碎片不同的旋转速度。

知识点 4 添加场

PDI的刚体也可以通过Maya自带的场驱动。添加场的方法非常简单，只需要勾选"动力学特性"中的"affected by Force Fields"复选框。比如在场景中添加一个体积轴场，再在场景中为刚体勾选"添加场"，播放动画，效果如图7-42所示。

图7-42

第5节 刚体节点管理器与解算器

进行刚体设置与动态模拟时还有两个非常重要的辅助面板：刚体节点管理器与解算器。本节将讲解刚体节点管理器与解算器的使用方法。

知识点 1 刚体节点管理器

编辑刚体节点时不可以直接在刚体编辑面板里关闭刚体属性，需要通过刚体节点管理器进行编辑。在PDI工具架上单击 图标，或者在刚体编辑面板中选中"Manage and Clean"就可以打开刚体节点管理器，如图7-43所示。

模型被设置为刚体后，模型上的刚体节点需要通过"Manage and Clean"属性栏进行添加或者移除。

"Add"用于添加刚体节点。"Remove"用于移除选择的刚体节点。"Remove All"用于移除所有模型上的刚体节点。"Hide/Show Disabled Rigid Bodies"用于隐藏/显示禁用的刚体。"Delete All Pdi Bodies"用于删除所有的PDI实体。

图7-43

知识点2 解算器

解算器面板控制着刚体的解算时间与精度，是进行刚体模拟时的重要面板。在PDI工具架上单击 ▣ 图标就可以打开解算器面板，如图7-44所示。

"Display"（显示面板）属性栏提供了两种显示模式："All Pdi Entities"显示所有的刚体实体，"Selected only"只显示选择的刚体实体。

"Performance"（性能）属性栏提供了两种解算模式：勾选"Enable Multithreading"复选框启用多线程，勾选"Enable cached mode"复选框启用缓存模式。

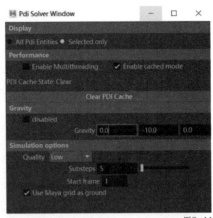

图7-44

"PDI Cache State:Clear"（缓存模式：清除）。PDI解算时会自动创建缓存，单击"Clear PDI Cache"可以清除缓存数据。

"Gravity"（重力）属性栏用于管理重力的大小与方向。勾选"disabled"时，重力场失效。"Gravity"后的3个输入文本框分别代表X、Y、Z这3个轴向，可定义重力大小与方向。

"Simulation options"（模拟选项）属性栏用于设置解算时的精度与起始时间。"Quality"（解算质量）中包括3种预设：Low（低精度）、Medium（中等精度）和High（高精度）。"Substeps"（子步值）用于设置每一帧计算的次数，数值越大，计算的动态越精确。"Start frame"（起始帧）用于设定解算的开始时间。

勾选"Use Maya grid as ground"时，Maya的网格会作为参与碰撞的地面。

第6节 高级刚体设定

高级刚体的设定与基础刚体的设定流程一致，只是高级刚体可以设置局部模型的软硬度。本节将讲解高级刚体设置流程，使读者掌握高级刚体的设置技巧。

知识点1 高级刚体编辑器

高级刚体破碎前也需要使模型破碎，然后单击PDI工具架上的 ▣ 图标，或者选中"Basic Fractures"（基础标签），就可以打开高级刚体的编辑面板，如图7-45所示。

"Fracture Bodies"栏为高级刚体的大纲栏，可以创建和删除高级刚体节点。选择模型组，单击

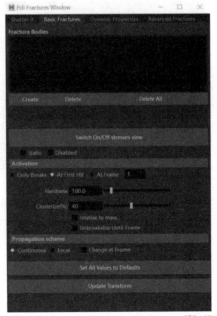

图7-45

"Create"，在调出的浮动菜单栏中选择"Accept"（接受）命令（见图7-46），就可以创建出新的刚体节点"Fbody1"，如图7-47所示。

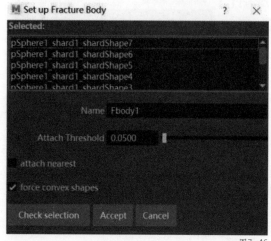

图7-46

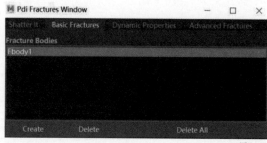

图7-47

知识点 2　应力控制

高级刚体设置完毕后，播放动画就能得到局部刚体粘连在一起的效果，如图7-48所示。对高级刚体而言，可以根据物体受力情况，计算物体的碎裂情况，应力越强，物体越不容易碎裂。单击"Switch On/Off stresses view"（参见图7-45）可以观察物体应力强度的分布，如图7-49所示。蓝色代表应力较强，白色表示应力较弱。

图7-48

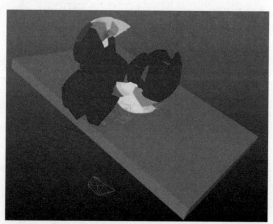

图7-49

"Hardness"（硬度）和"Clusterize%"可以设定应力的分布。"Hardness"值越大，物体的应力越强。"Clusterize%"用于设定可碎裂的百分比，数值越小，应力越强，物体越不容易裂开，反之物体越容易裂开，如图7-50所示。

"Unbreakable Until Frame"可以设置刚体在第几帧裂开。比如将其设置为50，播放动画，效果如图7-51所示。在50帧以前刚体保持下落但不碎裂的状态，在第50帧时开始呈现裂开的效果。

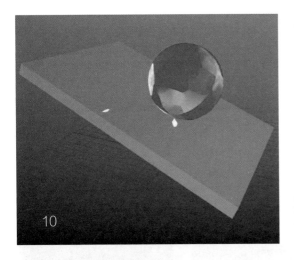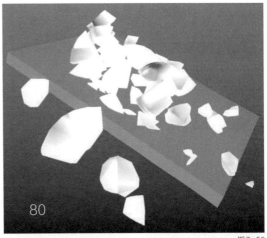

图7-50

图7-51

知识点3 高级刚体之被动刚体

高级刚体也可以设置为被动刚体，如图7-52所示，勾选
"Static"就可以将刚体设置为被动刚体。

图7-52

勾选"Static"后"Activation"属性栏被激活，其中提
供了3种被动刚体转换为主动刚体的方式："Only Breaks""At First Hit"和"At Frame"。
这3种模式与基础刚体设置一样，就不复述了。

知识点4 高级刚体之动力学特性

高级刚体也可以像基础刚体一样设置质量、初始速
度和添加场等。单击高级刚体编辑面板中的"Dynamic
Properties"就可以打开高级刚体的动力学特性属性栏，如
图7-53所示。

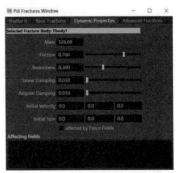

"Dynamic Properties"属性栏中的设置与基础刚体
一致。

图7-53

知识点 5 高级刚体之局部设置

高级刚体还可以将局部的模型设置为被动刚体，或者将部分刚体的应力改变，以得到更加丰富的动态效果。局部设置的属性面板可以在PDI工具架上单击  图标，或者单击刚体编辑面板的"Advanced Fractures"，如图7-54所示。

图7-54

选择部分刚体模型，单击"Increase Selection"就可以加选邻近的模型，如图7-55所示。

"Set Static"（设置为被动刚体）可以将选择的模型设置为被动刚体。

"Set Dynamic"（设置为主动刚体）可以将选择的模型设置为主动刚体。

"Detach"（合并）可以将选择的模型合并为一个新的刚体节点，并可设置新刚体节点的应力。比如选择小球模型右边的模型，如图7-56所示。执行"Detach"命令，在高级刚体大纲中出现了新的刚体节点"Fbody11"，如图7-57所示。将新的刚体节点"Fbody11"的"Clusterize%"设置为4，使之不易破碎，播放效果如图7-58所示。

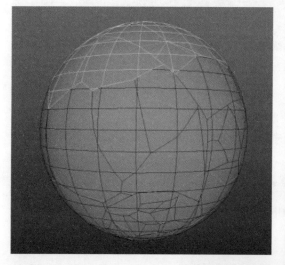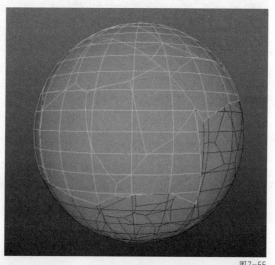

图7-55

图7-56

图7-57

图7-58

"Create Cluster"（创建簇）可以为部分模型添加一个簇的标记，可用于设定这部分刚体的软硬度和断裂强度等。

选择模型，单击"Create Cluster"，在簇的大纲中会出现新的节点"pdiCluster0"，如图7-59所示。选择"pdiCluster0"簇节点可以设置"hardness"（硬度）、"Break Energy"（断裂强度）等。勾选"Unbreakable Until Frame"还可以设置在多少帧断裂。

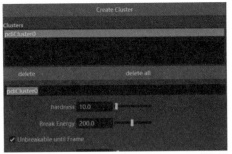

图7-59

第7节 烘焙关键帧与添加截面细节

刚体动态模拟完毕后需要将刚体的动态存储下来以便后续的制作。本节将讲解PDI刚体创建缓存的方法，使读者掌握刚体缓存的制作流程。

知识点 1 烘焙关键帧面板

PDI创建缓存的方法如下。

单击PDI工具架上的 ![icon] 图标，打开烘焙关键帧面板，如图7-60所示。

"Bake Whole Pdi Simulation"表示烘焙所有刚体的动画，并将每个模型的位移信息以关键帧的方式存储起来，如图7-61所示。关键帧的间隔由"Sample by"定义。

"Bake Selected Objects"命令可以对选择的刚体烘焙关键帧。

图7-60

"Clean Pdi data"命令可以清除PDI刚体节点的信息，最后只保留模型的位移关键帧。这个命令非常重要，在制作刚体特效时，向下游环节提供的刚体动画数据，必须是没有任何刚体节点信息的。

"Delete All Pdi Keys"命令可以删除所有

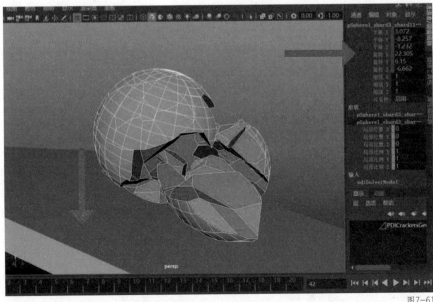

图7-61

的烘焙关键帧。刚体被烘焙关键帧后就无法修改动画了，该命令可以将烘焙好的关键帧删除，以便继续调整刚体的动态。

知识点 2 截面凹凸细节

刚体烘焙完毕后，最后一步需要给截面添加凹凸细节。添加凹凸细节的步骤如下。

首先单击PDI工具架上的 图标，打开添加截面细节的面板，如图7-62所示。

选择需要添加截面细节的模型，再单击"Add Jagginess"命令，刚体的截面就添加了凹凸的细节，如图7-63所示。

"Remove Jagginess"命令可以移除截面的凹凸细节。

在"Strength"（强度）属性栏可以设置截面凹凸的强度与细分度。"Amplitude"（振幅）用于设置凹凸的强度，数值越大，凹凸越强。"Resolution"（细分度）的值越大，截面的网格越密集。

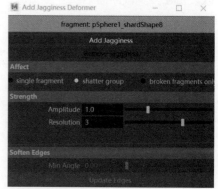

图7-62

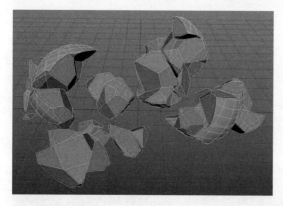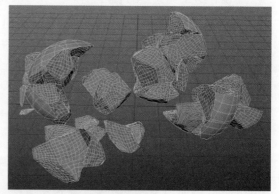

图7-63

第8节 综合案例——被撞碎的圆柱

本节将通过"被撞碎的圆柱"案例的讲解，使读者掌握刚体破碎特效的制作流程。案例效果如图7-64所示。

图7-64

知识点 1 破碎模型

该案例的效果是石块撞击圆柱，圆柱受到撞击力而坍塌。圆柱破碎的裂纹要符合撞击后产生的效果。在圆柱破碎时可以选择局部破碎和均匀破碎相结合的方式来拆分模型。

首先选择模型，在破碎面板中将"Shatter Style"（破碎样式）设置为Local（局部），执行"Preview"（预览）命令，显示破碎点，将破碎点移至撞击处，如图7-65所示。再执行"Shatter It"命令破碎模型，破碎效果如图7-66所示。

"Local"破碎方式拆分的碎块体积太大，碎块的数量也不够，可以通过其他破碎方式将模型拆分出更多细节。比如选择所有模型，再将"Shatter Style"设置为Uniform（均匀），将"Num Shards"（破碎数量）设置为3，执行"Shatter It"命令破碎模型，得到数量更多的碎块，最终效果如图7-67所示。

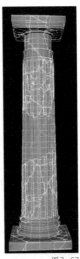

图7-65　　　　　图7-66　　　　　图7-67

> 注意 PDI学习版既不支持"Num Shards"大于64的值，也不支持多次破碎。如果需要多次破碎，应将碎片模型从大纲的"group"组中分离出来，再执行破碎。

知识点 2 设置主动刚体

石块是主动撞击圆柱的，石块模型需要设置为主动刚体，并设置向前飞的初始速度。选择石块模型，在单击PDI工具架上的 🖼 图标，可以打开设定刚体属性的面板，将"Type"设置为Dynamic（主动刚体）模式。

再打开刚体设置面板的"Dynamic Properties"（动力学特性）属性栏，将"Mass"设置为50，将"Initial Velocity"（初始速度）中的"Value"X轴向设置为20，初始旋转的Z轴向设置为3，播放动画，效果如图7-68所示。

图7-68

知识点 3 设置被动刚体

圆柱被石块撞击后破碎，接触石块的地方会被撞断，部分碎块还可能被撞飞。圆柱的底部受地面摩擦力大，一般不会产生较大的位移。圆柱的底部由于中间部位被撞断而失去支撑，会向下坠落而摔碎。要实现如此丰富的破碎效果，需要将圆柱分为不同的部分设置刚体属性。

框选圆柱所有的模型，然后单击PDI工具架上的  图标，打开高级刚体的编辑面板，单击"Create"命令，在调出的浮动菜单栏中选择"Accept"（接受）命令，将圆柱模型设置为高级刚体"Fbody1"，如图7-69所示。

图7-69

圆柱底部位移最小，需要单独设置为不易撞飞的刚体。选择底部模型，再选择高级刚体编辑面板的"Advanced Fractures"栏，并单击"Detach"将底部的模型合并为一个新的刚体节点"Fbody2"，再将该节点设置为Static，"Activation"设置为Only Breaks。播放动画，效果如图7-70所示。

图7-70

圆柱顶部模型不是因撞击而破碎的，而是自由下落后摔碎的，这部分的应力较强，不易破碎。选择顶部的模型，并设置为新的刚体节点"Fbody3"，将该刚体节点设置为Static，将"Activation"设置为"At First Hit"，使这部分刚体受到挤压后再转换为主动刚体而下落。减小"Clusterize%"的值，增大顶部模型的应力。效果如图7-71所示。

图7-71

中间部位受到的石块撞击力最大，破碎情况最严重。可以将这部分刚体设置为Static，将"Activation"设置为At First Hit，并增大"Clusterize%"的值，使这一部分在碰撞时能产生更多小碎块。播放动画，效果如图7-72所示。

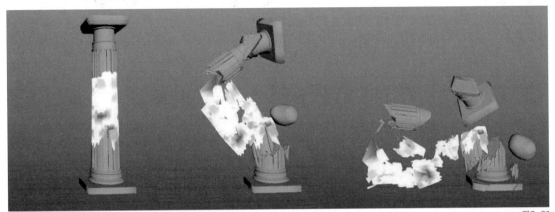

图7-72

知识点4 优化动态

撞击的石块对整体的破碎效果影响非常大。当石块模型的初始速度太小时，石块不能碰撞到圆柱，如图7-73所示。

图7-73

石块模型的初始速度太大时，整个圆柱都会被撞飞，画面中留下的碎块非常少，如图7-74所示。而刚体特效的美感体现在展现物体坍塌的动态，画面中碎块越多，细节越丰富。该案例合适的初始速度为30左右。

图7-74

石块模型的质量也非常重要。合理的初始速度能保证石块触碰到圆柱，但是如果石块的质量太小就不能撞断圆柱。比如将石块模型的质量设置为1，动画效果如图7-75所示。

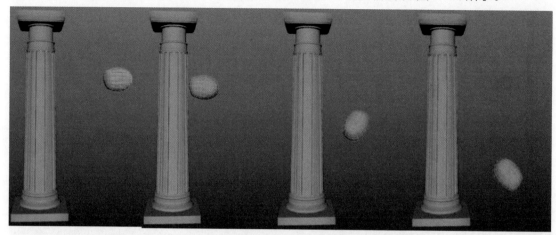

图7-75

但是石块的质量太大，又会把碎块撞出太远而飞出画面，如图7-76所示。要保证石块击碎圆柱后尽量停留在画面内，还需要保证碎块不要飞得太远，所以设置合理的质量非常重要。该案例的质量为50左右比较合适。

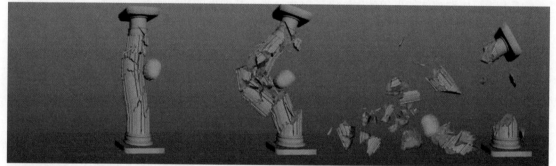

图7-76

顶部的石块是坠落到地面后与地面发生碰撞而碎裂的。这一部位的石块不能在撞击发生的一瞬间就裂开，可以将顶部刚体的"Unbreakable Until Frame"设置为50左右。动态效果如图7-77所示。

图7-77

碎片在互相碰撞的过程中有抖动的现象，这是由于刚体解算得不精确导致的，可以增大解算器的子步值，或者将解算器的"Quality"（解算质量）设置为Medium（中等精度）或High（高精度）。最终动态效果如图7-78所示。

图7-78

知识点 5 烘焙关键帧与添加截面细节

选择场景中所有的模型，在圆柱烘焙关键帧面板（参见图7-60）执行"Bake Whole Pdi Simulation"（烘焙所有刚体的动画）命令，所有模型的位移信息将被逐帧记录关键帧，如图7-79所示。

打开添加截面细节的面板（参见图7-62），将"Strength"设置为0.8，将"Amplitude"设置为4，选择圆

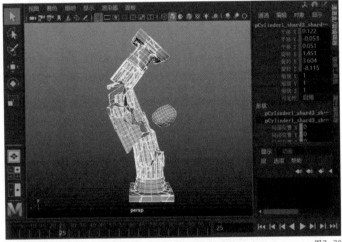

图7-79

柱模型，单击"Add Jagginess"命令添加截面细节，效果如图7-80所示。

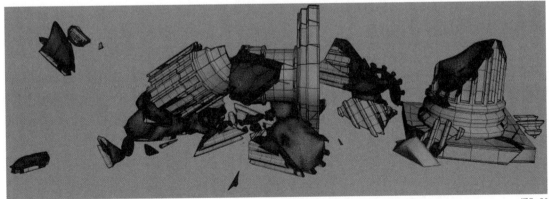

图7-80

刚体的动态烘焙完关键帧和添加完截面细节后，需要单击烘焙关键帧面板中的"Clean Pdi data"命令清除PDI刚体节点的信息，最后只保留模型的位移关键帧。被撞碎的圆柱案例的刚体特效就制作完毕了。

本案例的制作流程是：模型破碎→刚体关系设置→动力学特性设置→烘焙动画关键帧→添加截面细节→删除刚体节点。模型破碎的细节能够决定刚体动态的细节，模型破碎得越精细，

217

碰撞时产生的碎片越丰富。进行刚体动态模拟时，模型的大小、刚体的初始速度和质量等因素是相互影响的，需要平衡各个参数的数值，以达到合理的效果。刚体破碎还需遵循基本的物理原理，设定合理的破碎关系，使破碎效果在满足视觉美感的同时，也具有真实感。

本课练习题

填空题

（1）PDI破碎模型时，只支持＿＿＿＿＿＿＿＿类型的模型。

（2）PDI破碎时有＿＿＿＿＿＿＿＿类破碎样式，它们分别是：＿＿＿＿＿＿＿＿
＿＿＿＿＿＿＿＿。

（3）在"刚体类型设置"面板，＿＿＿＿＿＿＿属性是设置主动刚体，＿＿＿＿＿＿
设置被动刚体。

（4）若物体必须按照自身的轨迹运动，但同时必须参与刚体碰撞，应将该物体设置为
＿＿＿＿＿＿＿＿刚体。

（5）PDI刚体动态模拟完毕后，需要通过＿＿＿＿＿＿＿＿方式创建刚体缓存。

参考答案

（1）多边形

（2）7 均匀破碎 局部破碎 圆形破碎 木材碎片 路径破碎 颜色破碎 相似获取

（3）Dynamic Static

（4）Kinematic（运动学）

（5）烘焙关键帧

第 **8** 课

流体特效

Maya中的流体特效（Fluid Effects）是基于动力学计算的，可以产生真实的流体运动效果，例如制作空气、烟火、爆炸和黏性流体等，被广泛运用在影视剧的场景特效制作中。

本课将讲解流体的创建与编辑等知识，使读者掌握流体的制作技巧，并能完成龙卷风、爆炸等视效作品。

本课知识要点

◆ 流体的基本概念

◆ 创建流体

◆ 流体容器

◆ 添加碰撞与场

◆ 综合案例——龙卷风

◆ 综合案例——爆炸

第1节 流体的基本概念

流体可以分为动力学流体和非动力学流体两种类型。从渲染形态上来讲，流体既可以是气态效果，也可以是固态效果，如图8-1所示。这些效果都必须在流体容器中生成，流体的运动解算和渲染效果都离不开对流体容器、体元、密度、速度、温度和燃料等相关参数的调节。想熟练掌握流体的知识，应该先从这些参数开始学起。

图8-1

知识点 1 流体容器

流体容器非常重要，所有的动力学或非动力学流体都只能在容器中生成，并且流体只存在于容器所定义的空间。Maya的流体容器有两种类型，分别是3D Container（3D容器）和2D Container（2D容器），如图8-2所示。

3D容器是一个三维的矩形容器，2D容器是一个二维的矩形容器，它们之间不同的形状决定了流体存在方式的不同。3D容器形

图8-2

成的流体在任何一个角度都可以正确渲染，但渲染速度较慢。2D容器所生成的流体其形状是一个单面，只能从正面渲染，在侧面渲染时会产生穿帮的情况，但渲染速度非常快。

知识点 2 分辨率

流体容器的渲染过程实际上是一个计算过程，是把三维空间投射在二维空间的过程。一般几何体的渲染实际上只计算三维物体的一些表面现象，如反射、折射、自投射阴影和接收阴影等。但自然界中的大量现象并不是基于物体表面的现象，而是与物体的体积有关，流体就是一个典型的例子。

与表面渲染不同，Maya的流体采用体积渲染，渲染计算不仅限于现象的外表面的状态变化，而是深入流体内部，将流体内部的变化模拟出来。这种渲染方式的基本方法是：先将流体划分为单位体积进行模拟，每个单位体积为变化的最小计量单位，一个单位体积的所有参

数都取一样的值，然后将单位体积的变化合成完整的流体运动。在渲染过程中，为了模拟运动而划分的单位就是分辨率。分辨率的值越小，计算精度越高，当然渲染速度也就越慢，如图8-3所示。

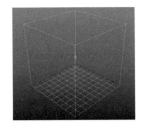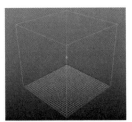

图8-3

知识点 3 密度

密度（Density）用于控制流体的密度效果，即流体的可见性。下面以3D容器为例，调整流体相关的密度参数并进行对比，如图8-4所示。密度还能影响流体的运动效果，流体解算时是密度大的区域扩散至密度小的区域，密度越大，流体运动越快。

图8-4

知识点 4 速度

速度（Velocity）用于控制不同流体因密度、温度、燃料和颜色的不同而表现出的运动快慢效果。在容器中，速度参数决定流体的速度是动态速度还是静态速度，也可以看出流体内运动速度的快慢和方向，如图8-5所示。

图8-5

知识点 5 温度

温度（Temperature）的差异可以影响流体的运动效果，它可以使动态流体上升或相互作用。流体温度的高低变化可以使流体产生颜色的变化，例如调整温度值可以制作出火焰效果，如图8-6所示。

图8-6

知识点 6 燃料

燃料（Fuel）与密度一起定义了流体内部发生反应的状态。温度可以激发流体产生爆炸，密度用于描述物质，而燃料则描述了反应的状态。提高流体中的燃料值，可以延长流体能量的燃烧时间，如图8-7所示。由于燃料的设置差异，在解算后图8-7中左右图流体的亮度显示不一致。

图8-7

知识点 7 颜色

流体的颜色可以通过"着色"属性栏设置。颜色的分布情况主要基于流体的密度，有密度的地方才能表现出颜色，没有密度的地方则不表现出颜色，如图8-8所示。之所以能观察到流体，是因为中心区域有流体分布。

图8-8

第2节 创建流体

流体的制作流程非常简单：创建流体容器→添加流体发射器→生成流体→调整相关参数→渲染。生成流体是制作流体特效中最关键的一步。本节将讲解创建流体容器、流体发射器，编辑流体发射器等知识，使读者掌握生成流体的几种方式与技巧。

知识点 1 创建流体容器

在Maya 2020中，创建的流体容器会自带一个基础发射器。在动力学（FX）菜单栏中执行"流体-创建-3D容器"命令，在场景中创建一个带有发射器的3D容器，如图8-9所示。

在动力学菜单栏中执行"流体-创建-2D容器"命令，在场景中创建一个带有发射器的2D容器，如图8-10所示。

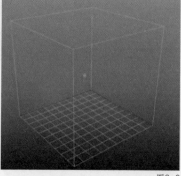

图8-9

图8-10

知识点 2 创建流体发射器

流体不仅可以通过发射器发射，还可以通过物体表面发射，产生特殊形状的流体效果，操作如下。

在动力学菜单栏中执行"流体－创建－3D容器"命令，在场景中创建一个带有发射器的3D容器。打开大纲视图，并在流体容器节点（fluid1）下面删掉发射器（fluidEmitter1）。在模型菜单栏中执行"创建－NURBS基本体－平面"命令，在场景中创建一个NURBS平面，并适当调整平面的大小和位置，如图8-11所示。

在场景中选择3D容器和平面，在动力学菜单栏中执行"流体－添加/编辑内容－从对象发射"命令，将平面物体作为发射器。仔细观察可以看到，平面物体的中心位置已经产生一个发射器，播放动画，观察流体发射效果，如图8-12所示。

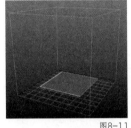

图8-11　　　　　　　　　　图8-12

> **注意** 3D容器和2D容器的添加方法一样，没有任何区别。容器无论有无发射器都可添加新的发射器，同时流体也支持粒子作为发射源。

知识点 3 流体解算与绘制

观察流体有多种方法，既可以通过播放动画发射流体，也可以通过笔刷工具绘制流体，还可以通过设置容器参数使其装满流体。

1. 发射流体

创建一个带有发射器的流体容器，如3D容器。设置场景时间范围为1 ~ 200帧，使其有足够的播放时间。在时间控制器上单击按钮，播放动画，观察发射效果，如图8-13所示。

2. 为流体添加渐变

图8-13

使流体容器自动装满流体的操作如下：在动力学菜单栏中执行"流体－创建－3D容器"命令，在场景中创建一个3D容器。确定容器处于选择状态，再在动力学菜单栏中执行"流体－添加/编辑内容－渐变"命令，为容器添加流体，这时在视图中会看到一个上下渐变的流体效果，如图8-14所示。

确定流体容器处于选择状态，按快捷键Ctrl+A，打开容器的属性编辑器。在"内容方法"属性栏下找到"密度"，如图8-15所示。

将"密度"设置为Gradient（渐变）。在创建容器时，其默认设置为"动力学网格"。由于在前边执行过"渐变"命令，所以"密度"被自动切换为渐变类型。

"密度"有4种类型，如图8-16所示。

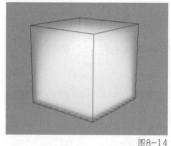

图8-14   图8-15   图8-16

"Off(zero)"（关闭）：关闭"密度"，则没有流体存在。

"Static Grid"（静态网格）：流体的密度解算方式为静止状态，不会使流体产生升、降、分散或扩散等动力学运动效果。

"Dynamic Grid"（动力学网格）：流体的密度解算方式为动力学状态，可以产生升、降、分散或扩散等动力学运动效果。

"Gradient"（渐变）：可以使容器装满流体，即非动力学流体，如图8-14所示。

"Density Gradient"（密度渐变）：用于控制流体的密度渐变效果，此项只在"密度"为Gradient时可用。密度渐变共有8种类型，如图8-17所示。

"Constant"（恒定）：形成的流体没有渐变效果。

"X Gradient"（X渐变）：流体沿X轴正方向产生渐变（其他轴向效果类似）。

"Center Gradient"（中心渐变）：流体从中心向外产生渐变。

图8-17

> 注意 以上使用的是3D容器，2D容器的属性设置与其一致，需要注意的是2D容器只是平面容器，所以设置Z Gradient（Z渐变）与-Z Gradient（-Z 渐变）时看不到渐变效果。

知识点4 流体发射器属性

流体主要是通过流体发射器产生的。在菜单栏中执行"流体-创建-3D容器"命令后，流体容器会自带一个发射器，如图8-18所示。

流体发射器与粒子发射器功能相同，能够决定流体的发射量，发射器属性如图8-19所示。

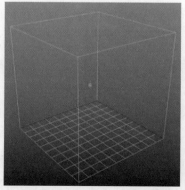

图8-18

图8-19

"发射器类型"提供了泛向、表面、曲线、体积4种模式。"泛向"表示发射器向四周发射流体，效果如图8-20所示；"表面"模式在使用模型发射流体时启用，如图8-21所示；"曲线"模式在使用曲线发射流体时使用，如图8-22所示；"体积"表示发射源为一个发射区域，如图8-23所示。

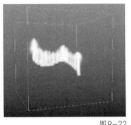
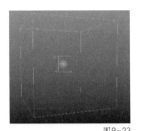

图8-20　　　　　　　图8-21　　　　　　　图8-22　　　　　　　图8-23

"速率（百分比）"用于设置流体的发射量。在制作爆炸、燃烧等效果时，需要在该参数上设置关键帧动画，控制流体产生的时间。

"最小距离""最大距离"可以设置流体与发射器之间的距离。

除了"速率（百分比）"可以控制流体的发射量以外，在"流体属性"栏里还能精确设置密度、颜色、燃料等发射量，属性面板如图8-24所示。

"密度/体素/秒"用于设置流体密度的发射量，增大该值，发射器发射的流体密度增大，动态变强，如图8-25所示。

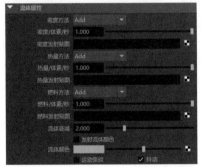

图8-24

密度/体素/秒=1

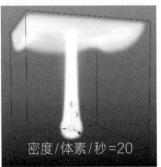

密度/体素/秒=20

图8-25

"热量/体素/秒"用于设置热量的发射量，在制作爆炸与燃烧特效时，提高热量可以提高流体的运动速度，更重要的是在模拟火焰时，可以控制颜色的分布。温度值越高，流体运动越快，橙黄色分布的区域越大，如图8-26所示。

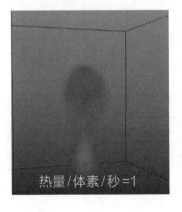

热量/体素/秒=1

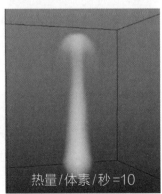

热量/体素/秒=10

图8-26

"燃料/体素/秒"用于设置燃料的发射量，燃料越多，火焰保持的时间越长，其在制作火焰特效时非常有效，如图8-27所示。

在观察流体的温度与燃料时，需要将流体容器中"内容方法"栏里的"温度"和"燃料"开启动力学模拟。

燃料/体素/秒=1　　燃料/体素/秒=4

图8-27

流体发射湍流属性可在流体发射时产生扰乱的效果，属性栏如图8-28所示。

"湍流"用于设置扰乱的强度，流体效果如图8-29所示。

湍流=1　　湍流=10

图8-28　　　　　　　　　　　　　　　　　图8-29

"湍流速度"用于设置扰乱的速度，数值越大，扰乱节奏越快。

"湍流频率"用于设置扰乱的细节，值越大扰乱的细节越多，流体越零碎。

"湍流偏移"用于设置湍流的位移。

"细节湍流"可以在原有扰乱下添加更多的扰乱细节。

在流体发射器中还有一个非常重要的属性——发射速度属性，属性栏如图8-30所示。该属性可以控制流体基础发射源的速度，比如在制作爆炸等特效时，流体会沿着物体的运动方向移动。默认流体不继承发射器的速度，是因为"速度方法"为No Emission（不继承模式）。当"速度方法"设置为Add（加）或者Replace（替换）时，以下参数将被激活，如图8-31所示。

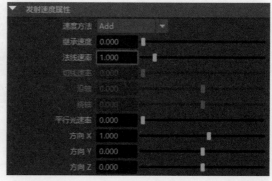

图8-30　　　　　　　　　　　　　　　　　图8-31

"继承速度"可以设置流体继承发射源的速度大小，将该值分别设置为0和4的流体效果如图8-32所示。通过对比可以看出，开启"继承速度"后，流体会沿着物体运动的轨迹移动，相当于在物体方向上添加了一个惯性力。制作爆炸等特效时，碎渣会伴随着烟雾等，就需要设置该值用于控制流体的运动。

图8-32

流体发射器最后一栏为"体积发射器属性"栏，当"发射器类型"选择"体积"时，在该属性面板可以更改发射器的体积形状，属性面板如图8-33所示。

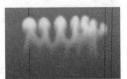

图8-33

在"体积形状"中提供了Cube（方形）、Sphere（球形）、Cylinder（圆柱形）、Cone（圆锥形）和Torus（圆环）等形状，如图8-34所示。制作时需要选择合适的发射源形状来模拟特效。

图8-34

知识点5 绘制流体

流体还可以通过笔刷绘制出形态，利用这一工具，可以制作文字消散的特效，如图8-35所示。

图8-35

在菜单栏中执行"流体-创建-3D容器"命令，在场景中创建一个3D容器。打开大纲视图，并在fluid1下面删掉自带发射器fluidEmitter1。确定3D容器处于选择状态，在菜单栏中执行"流体-添加/编辑内容-绘制流体工具"命令，使用绘制流体工具绘制流体。在场景中可以看到笔刷和绘制方向，如图8-36所示。

图8-36

绘制工具不仅能够绘制密度，还可以绘制流体的温度、燃料、速度、衰减等，使流体的运动与颜色能够得到更精准的控制。

第3节 流体容器

流体特效都是在流体容器里模拟的。本节将讲解流体容器的各个属性，使读者掌握流体容器的编辑方法。

知识点 1 容器特性

每一个流体特效在制作时，首先都需要设定3D容器的精度与大小，在流体容器的"容器特性"属性栏中可以设置流体容器的精度与大小，如图8-37所示。

流体容器的"基本分辨率"用于设置3D容器的精度。容器精度越高，流体的细节越丰富，但越占用机器资源，如图8-38所示。

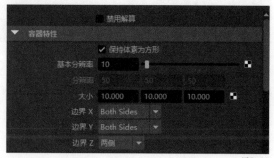

图8-37

"大小"可以设置流体容器的大小。流体容器的大小一般不直接使用缩放工具，而是通过该参数来设置。

"边界X/Y/Z"可以控制流体边界是否参与碰撞。比如将"边界Y"分别设置为"Both Sides"和"-Y"。当设置为"Both Sides"时，流体参与边界的碰撞；当设置为"-Y"时，流体直接消散而不参与边界的碰撞。效果如图8-39所示。

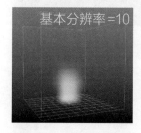
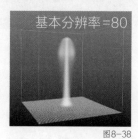
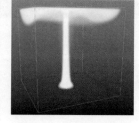

图8-38

图8-39

知识点 2 内容方法

流体特效的种类非常多，主要分为气态和液态。在气态的流体特效中比较常见的有白色的蒸气，还有燃烧的火焰特效。在模拟蒸气这类纯色流体时，只需要解算流体的密度与速度即可。在模拟燃烧特效时，需要计算密度、速度、温度和燃料等。

在"内容方法"属性栏可以开启或者关闭流体容器内的密度、速度、温度和燃料等的解算。"Off"表示关闭，"Dynamic Grid"表示开启动力学运算，如图8-40所示。

图8-40

注意 在模拟爆炸或者火焰特效时，需要将温度与燃料的动力学模拟设置为"Dynamic Grid"。

知识点 3 动力学模拟

"动力学模拟"属性栏用于设置流体解算时的运动状态与解算精度，是流体模拟时常用的属性栏，如图8-41所示。

"重力"是流体内置的重力常量，为正数时流体受向上的力，为负数时流体受向下的力。

"粘度"（应写为"黏度"）用于设置流体内部的阻力，模拟岩浆这类流体效果需要使用该参数。

"摩擦力"用于设置流体运动时受到的外部摩擦力。

"阻尼"能够给流体添加一个外部阻力，避免强风或者急速运动时流体不稳定。

"解算器"提供了3种模式："none"表示不使用解算器，"Navier-Stokes"模式适用于模拟气态类流体，"Spring Mesh"模式适用于水面波浪等流体。

"高细节解算"可以提高流体的解算精度，在模拟爆炸等特效时需要提高细节解算以得到准确的流体效果。"高细节解算"提供了4种模式，如图8-42所示。

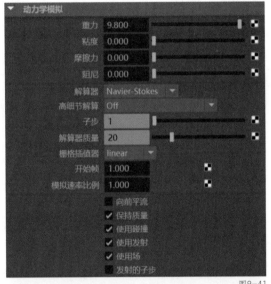

图8-41

图8-42

"Off"模式表示关闭高细节解算。

"All Grids Except Velocity"表示除速度之外的所有栅格都添加高细节解算。

"Velocity Only"表示只有速度栅格参与高细节解算。

"All Grids"表示所有栅格都参与高细节解算，流体能够得到更精准的解算效果。

"子步"可以设置解算器在每帧执行计算的次数，子步值越大，流体效果越精确。

"解算器质量"用于控制流体高密度区域的解算步骤，增大该值可以得到更准确的流体运动效果。

"开始帧"用于设置流体模拟的起始时间。

"栅格插值器"提供了两种模式："linear"（线性）和"Hermite"（厄米）。线性模式对值进行线性插值，运算速度较快。Hermite模式使用 Hermite 曲线对流体进行插值。

"模拟速度比率"用于设置流体在解算时的速度比。

知识点 4 液体

在"液体"属性栏中，勾选"启用液体模拟"复选框，可以使Maya的液体模拟水等效果，如图8-43所示。

"液体方法"提供了两种模拟液体的方法："Liquid and Air"（液 体 和 气 体 ）和"Density Based Mass"（基 于 密 度 的 质量）。液体和气体可以通过设定一个值进行划分，将大于该值的定义为液体，小于该值的

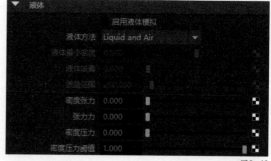

图8-43

定义为气体。基于密度的质量可以定义质量和液体密度之间的关系，比如密度越大，质量越大，可以模拟岩浆等特效。

"液体最小密度"为使用"液体和气体"模拟方法时，指定与区分液体和空气的密度值。

"液体喷雾"可以给密度小于"液体最小密度"值的区域施加向下的力。

"质量范围"用于在使用"基于密度的质量"模拟方法时，定义质量和流体密度之间的关系。

"密度张力"可以使流体边界更平滑。

"张力力"可以增大流体的曲面张力。

"密度压力"用于设置流体向外的力。

"密度压力阈值"可以指定密度压力的限定值。

知识点 5 自动调整大小

流体模拟时，占用机器资源最多的是流体容器的大小。如果流体运动时只使用了流体容器的一小部分，其他部分的流体容器依然会参与计算，这会造成比较大的浪费。"自动调整大小"属性栏可以使流体容器自动适配流体体积的大小，从而尽可能减少资源浪费。"自动调整大小"属性栏如图8-44所示。

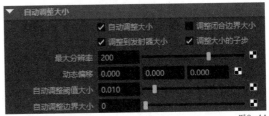

图8-44

勾选"自动调整大小"时，流体容器开始自动适配流体的大小，如图8-45所示。

图8-45

"最大分辨率"用于指定流体容器调整的最大分辨率。

"动态偏移"可以计算流体的局部空间转换。

"自动调整阈值大小"用于设置流体容器的密度阈值。

"自动调整边界大小"可控制流体与边界的距离，保持一定的距离可以避免流体碰触边界而消散或者变形，能够更好地保持流体的轮廓。

知识点 6 内容详细信息

流体模拟的动态部分主要在"内容详细信息"栏里调节，其中设置了密度、速度、湍流、温度、燃料和颜色等属性的控制参数，如图8-46所示。

"密度"属性栏是进行流体动态调节时应用的主要属性栏，该属性栏中提供了众多控制参数，如图8-47所示。

图8-46

"密度比例"用于设置流体的显示密度，数值越小，流体越透明，如图8-48所示。该参数只用于控制流体的显示，并不影响流体动态效果。

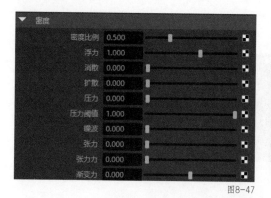

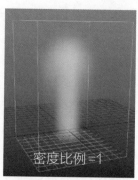

图8-47

图8-48

　　"浮力"用于控制流体向上运动的快慢，浮力越大，流体向上运动越快，如图8-49所示。

　　"消散"可以设置流体消散的强度，能够影响流体的动态，数值越大，流体消散得越快，如图8-50所示。流体运动的本质是流体从密度大的区域扩散到密度小的区域。该参数可以使流体在密度小的区域消散，加快流体扩散的速度，减小流体的密度，进而消弱流体运动的能量。

图8-49

图8-50

　　"扩散"可以控制流体由大密度区域向小密度区域扩散的速度，如图8-51所示。通过对比可以看出，扩散数值越大，流体的体积越大，但流体中心区域密度越小，运动速度越慢。

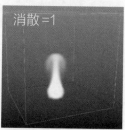

图8-51

　　"压力"可以为流体施加一个外部压力，使流体保持自身的体积。

　　"压力阈值"可以设定一个密度值，达到该值时将施加压力。

　　"噪波"可以在流动的流体中添加湍流和细节。

　　"张力"可以将流体形状变平滑，使边界在流体中更明确。

　　"张力力"可以增大流体曲面的张力。

　　"渐变力"可以控制在密度或法线方向的施加力。

　　速度属性可以在流体运动中控制流体的快慢与旋涡等效果，属性栏如图8-52所示。

　　"速度比例"可以控制流体速度的快慢，但不影响流体运动的方向。

图8-52

"漩涡"（应写为"旋涡"）可以设置流体在运行时产生旋涡的数量，是制作烟雾翻滚特效时常用的参数，该值越大，旋涡能够产生越多的涡流团状结构，如图8-53所示。

"噪波"用于在原有旋涡的基础上产生更小的扰动细节，效果如图8-54所示。

图8-53

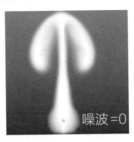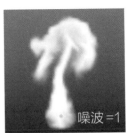
图8-54

湍流属性用于在流体运动时产生扰乱的效果，属性栏如图8-55所示。

"强度"用于控制湍流的强弱，数值越大，流体变形越大，如图8-56所示。通过对比可以看出，湍流能够改变流体的运动方向，使之形成不规则的形状。

图8-55

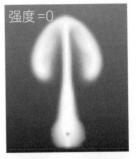
图8-56

"频率"可以控制湍流的细节，该数值越大，流体的不规则形状越多，形态越零碎。

"速度"用于设置湍流的扰乱速度。

温度属性通过温度控制流体内部的运动或分布，制作爆炸或者火焰特效时，主要表现在控制颜色在流体内部的分布，属性栏如图8-57所示。

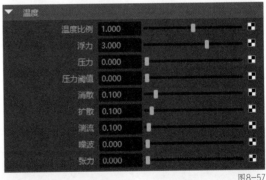
图8-57

在"内容方法"栏中将温度的动力学模拟开启，同时在"着色"属性栏里将颜色由白色改为黑色，才能观察到如图8-58所示的橘黄色的温度效果。

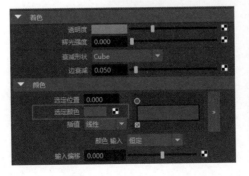
图8-58

"温度"属性栏与"密度"属性栏中的参数一致，不同之处在于温度属性控制的是流体内的温度变化，即橙黄色区域的变化，在这里就不再复述了。

燃料属性用于控制燃料与密度的反应或变化情况，控制燃料在流体容器内的变化，主要表现为在高亮的黄色区域的分布情况。制作火焰特效时燃料属性是必调的属性。模拟燃料特效需要在"内容方法"栏中将燃料的动力学模拟开启。"燃料"属性栏如图8-59所示。

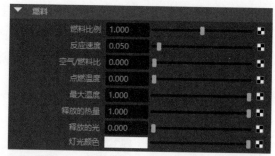

图8-59

"燃料比例"中的值与发射器中的燃料值相除，该值越大，燃料值越大。

"反应速度"定义燃料转化过程中达到最高温度时的反应速度。

"空气/燃烧比"定义燃烧时需要达到的空气密度。

"点燃温度"定义燃烧时的最低温度。

"最大温度"定义燃烧时的最高温度。

"释放的热量"定义燃烧时能够产生的热量，同时热量能够作用于速度，制作熊熊燃烧的火焰特效时可以增大该参数。

"释放的光"定义燃烧时释放的白炽光的量，最终这个参数所引发的效果会添加到颜色属性上。

知识点7 着色

流体的颜色、透明度等效果可以通过着色属性控制，属性栏如图8-60所示。

"透明度"用于控制流体的透明效果，黑色代表不透明，白色代表透明，灰色代表半透明。比如将"透明度"分别设置为黑色、白色和灰色，效果如图8-61所示。

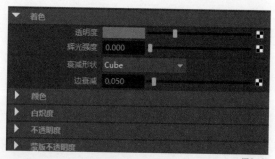

图8-60

图8-61

"辉光强度"开启时可以在温度区域叠加辉光的效果。

"衰减形状"提供了多种辉光分布的方式。

"边衰减"可以控制辉光叠加时边缘辉光的强度。

在"颜色"属性栏中可以定义流体的颜色,如图8-62所示。

在"颜色"属性栏中可以使用渐变控制颜色的分布,比如将渐变颜色设置为红蓝分布,如图8-63所示。

"颜色输入"提供了多种颜色分布模式,比如将"颜色输入"设置为"Y渐变",流体效果如图8-64所示。颜色的分布对表现流体非常重要,在表现特定的特效元素时,需要设置合理的颜色分布效果。

图8-62

图8-63

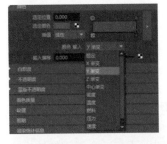

图8-64

白炽度属性用于控制流体燃烧时的颜色分布,在模拟火焰时非常重要,属性栏如图8-65所示。

在"选定颜色"中可以设置颜色,"白炽度输入"可以控制颜色的分布模式,默认为"温度",即高温度区显示黄色,低温度区显示黑色。将该参数分别设置为"温度""燃料"和"密度"模式,效果如图8-66所示。不同的模式会得到不同的颜色分布,在模拟爆炸或者燃烧效果时,需要选择合适的颜色分布。

不透明度属性可以控制流体的可见性,属性栏如图8-67所示。

默认设置的渐变左边控制低密度区域,右边控制高密度区域。"输入"端口还可以更改为其他模式。将渐变设置为起伏状,可以实现流体的局部透明效果,可用于模拟火焰的细节,如图8-68所示。

图8-65

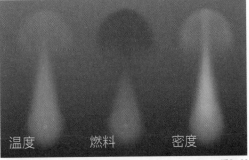

温度　　　　燃料　　　　密度

图8-66

图8-67

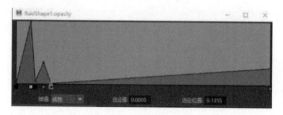

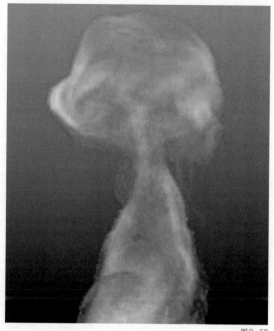

图8-68

知识点 8 照明

在观察流体时，还有一个常用的属性栏——"照明"属性栏，如图8-69所示。

默认情况下，流体是没有光影关系的，如图8-70所示。当勾选"自阴影"时，流体就有了光影关系，如图8-71所示。开启该属性，便于我们观察流体的细节。

图8-69

图8-70

图8-71

第4节 添加碰撞与场

本节将讲解物体与流体碰撞、场驱动流体等知识。

知识点 1 添加碰撞体

要使模型与流体产生碰撞效果，需要选择流体容器，再加选模型，在菜单栏中执行"流体－编辑－使碰撞"命令，播放动画，流体就可以与模型产生碰撞效果，如图8-72所示。

用户也可以在菜单栏中执行"窗口-关系编辑器-动力学关系"命令，打开"动力学关系编辑器"，选择流体节点，在碰撞栏勾选需要碰撞的模型即可，如图8-73所示。

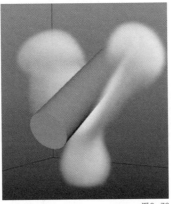

图8-72   图8-73

知识点 2 添加场

制作流体特效时，经常需要添加一些场来改变流体的运动方向。给流体添加场的步骤如下：首先选择流体容器，再在菜单栏中执行"场/解算器-创建-空气"命令，设置"空气场"的"强度"为10，"衰减"为0。播放动画，流体就受到风场的影响，如图8-74所示。在"动力学关系编辑器"中，也可以在场的列表栏中选择需要关联的场，如图8-75所示。

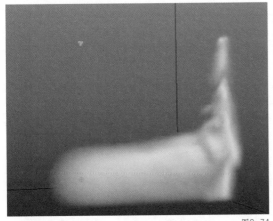

图8-74   图8-75

知识点 3 创建缓存

流体特效与粒子、刚体等特效一样，在模拟好动态之后，都需要将动态数据以缓存的方式存储在磁盘上，以便进行后期的渲染等流程。创建缓存的步骤如下：首先选择流体容器，再在菜单栏中执行"nCache-创建-创建新缓存-Maya流体"命令，如图8-76所示。在"创建流体nCache选项"中设置缓存路径（目录）、名称、时间范围，最后单击"创建"即可，如图8-77所示。

图8-76

图8-77

第5节 综合案例——龙卷风

本节将讲解流体的综合案例——龙卷风，使读者掌握粒子发射流体、流体分辨率、流体的密度等属性和参数的设置技巧，案例效果如图8-78所示。

图8-78

知识点 1 创建基础模型

龙卷风的主体为圆柱状，可以创建5条圆形曲线，再使用曲线成形的命令"放样"，使5条圆形曲线形成一个圆柱模型。龙卷风与地面、天空接触的区域要大一点，所以要将最顶端与最底端的曲线放大，如图8-79所示。

龙卷风在运动时还有扰动的动态，需要将中间的曲线制作出位移的动画。比如先选择中间的圆圈曲线，在X的位移上写表达式"translateX=noise(time*0.2)*0.8"，如图8-80所示。

图8-79

"translateX=noise(time*0.2)*0.8"表示在播放动画时，该圆圈在X轴向-0.8~0.8范围内的随机运动。依照相同的办法，中间的另外两个圆圈也可以通过编辑表达式来控制水平方向的运动，如图8-81所示。

图8-80　　　　　　　　　　　　　　　　　　图8-81

> **注意** 为了使中间3个圆圈的运动节奏各不相同，每一个圆圈在编辑表达式时，可以在"time"后添加不同的值，比如"translateX=noise(time*0.2+0.5)*0.8"。这样每个圆圈平移的值不同，就能产生不同位移的效果。

知识点 2　创建粒子形态

本案例的核心是粒子发射流体。首先使用粒子制作出龙卷风的主体，再使用粒子发射流体。粒子运动的节奏与形态决定了流体的运动变化，也最终影响着龙卷风的效果，所以粒子的制作非常关键。

首先在菜单栏中执行"nParticle-发射-创建发射器"命令，在场景中创建粒子。然后选择粒子，再加选模型，在菜单栏中执行"Particle-目标"命令，使粒子吸附到模型表面。最后为粒子添加每粒子（数组）属性"goalU"和"goalV"，并在"每粒子（数组）属性"栏里编辑表达式"goalU=rand(0,8);"，即粒子沿着模型底部分布，如图8-82所示。

> **注意** 曲面模型的UV取值范围有时并不在0~1范围内，而是与模型的布线有关。选择当前曲面模型，在属性栏里可以查询到当前模型的UV范围，比如该圆柱模型U向最大值为8，V向最大值为4，如图8-83所示。

图8-82

nurbsSurface:	loftedSurfaceShape1	
▼ NURBS 曲面历史		
U 向最小最大范围	0.000	8.000
V 向最小最大范围	0.000	4.000
UV 向跨度数	8	4
UV 向次数	3	3
形式 U	Periodic	
形式 V	Open	

图8-83

239

龙卷风是旋转上升的动态，现在需要使粒子模拟出旋转上升的动画。在"表达编辑器"中选中"运行时动力学前"，编写表达式"goalV+=0.005;goalU+=0.1;"，即每一颗粒子在运行时goalV、goalU的值逐步增加，就实现了粒子盘旋上升的动态，如图8-84所示。

图8-84

龙卷风在上升时，整体的形态中有的部位粗，有的部位细，如图8-85所示。

图8-85

欲使粒子模拟出粗细的变化，需要在粒子的偏移上添加随机的属性。首先需要给粒子添加一个非常重要的属性"goalWorldNormal0PP"，该属性可以记录每一颗粒子对应模型的法线的位置。添加该属性的方法如下：首先为每粒子添加新的属性，名称为"goalWorldNormal0PP"，然后将"数据类型"设置为向量，最后单击"确定"，如图8-86所示。

选中表达"编辑器"中的"运行时动力学前"，编辑表达式"goalOffset=goal WorldNormal0PP*abs(noise(birthTime*12)*2);"。"goalOffset"控制粒子的偏移。"goalWorldNormal0PP"控

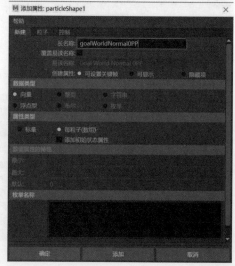
图8-86

制粒子沿着模型法线方向运动。为了避免粒子往模型内部发射，采用abs函数用于求绝对值，即"noise"数据为负数时被修正为正数。"noise"为随机函数，"birthTime"用于记录粒子生成的时间，该函数可以使同一时间产生的粒子保持相同的偏移距离。"*12"用于控制"noise"取值的频率，"*2"则控制偏移的倍增。该表达式的效果如图8-87所示。

为了实现粒子偏移时产生一定的厚度，可以在偏移表达式中添加随机值，操作步骤如下。

首先为粒子添加一个浮点类型的每粒子属性"widthPP"，并在创建时为该属性赋予随机值rand(0.1,0.5)，如图8-88所示。

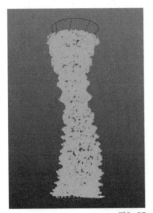

图8-87

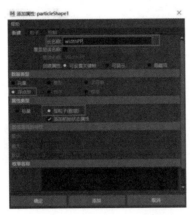

图8-88

打开"表达式编辑器"，将该随机属性添加到粒子的偏移表达式中，如图8-89所示。

偏移表达式为"goalOffset=goalWorldNormal0PP*abs(noise(birthTime*12+widthPP)*2;"，粒子的运动效果如图8-90所示。

图8-89

流体是以每一颗粒子作为发射源进行发射的，粒子密度高的区域发射的流体多，粒子密度低的区域发射的流体少。龙卷风的密度效果是整体统一的，但目前粒子形态的分布并不均匀，在中间部位细粒子集聚比较多，两头部位粗粒子密度低，这会导致流体发射时密度分布不均匀，进而影响龙卷风效果的模拟。此时还需要优化粒子的运动速度。

首先将粒子的"寿命模式"设置为Random range（随机模式），然后将"寿命"设置为30，"寿命随机"设置为0.2，如图8-91所示。

为粒子添加颜色属性，并将粒子的颜色设置为中间白、两边灰的效果，如图8-92所示。

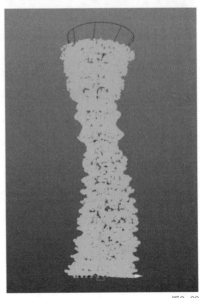

图8-90

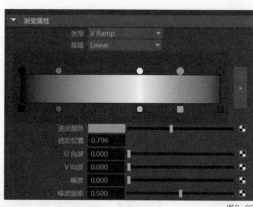

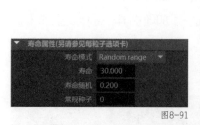

图8-91

图8-92

最后在粒子的"表达式编辑器"里，将goalV的值乘以当前的颜色属性，表达式为"goalV+=0.04*particleShape1.rgbPP;"。

该表达式的意思是粒子在向上运动时，需要再乘以当前的颜色；当读取到灰色时粒子的速度减慢；当读取到白色时粒子保持当前的速度。此时就实现了粒子密度低的区域粒子运动速度慢，粒子密度高的区域粒子运动速度快，通过速度实现了整体粒子分布的相对统一。粒子速度优化前后对比，如图8-93所示。

流体需要从粒子上发射，但是粒子又需要经过几百帧以后，才能形成完整的柱状形态，如图8-94所示。

图8-93

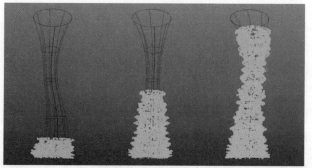

图8-94

如果一开始就要实现完整的龙卷风形态，而不要缓慢上升的过程，就需要将粒子的最终形态初始化。粒子初始化步骤如下。首先播放动画，等待粒子上升到圆柱顶端，再选择粒子，在菜单栏中执行"场/解算器-初始状态-为选定对象设定"命令。此时粒子在第1帧时就完全布满了整个圆柱，如图8-95所示。当播放动画时，粒子会在一瞬间被吸附到模型表面，如图8-96所示。

图8-95

图8-96

这是因为初始化后粒子的birthTime值为0，可以在粒子的"表达式编辑器"里编写"if(frame>2){ goal Offset= goalWorldNormal0PP*abs(noise(birthTime*3+ widthPP*0.5)*5);} "，即当帧数大于2时再执行偏移的命令。

知识点 3 添加流体

粒子形态制作完毕后，就可以开始制作流体部分的特效。首先在菜单栏中执行"流体-3D容器"命令创建出流体容器，再将流体容器的"基本分辨率"设置为100，"大小"设置为50×100×50，使之包裹住整个粒子，如图8-97所示。

选择流体容器，再加选粒子，在菜单栏中执行"流体-添加/编辑内容-从对象发射"命令，使粒子发射流体。播放动画，效果如图8-98所示。为了便于观察，可以将粒子的"透明"属性设置为0，并隐藏曲面模型和曲线，最终显示效果如图8-99所示。

图8-98

图8-99

默认的流体为纯白色，不便于观察流体的起伏变化，可以勾选流体容器"照明"属性栏中的"自阴影"，此时流体就有了光影关系，如图8-100所示。

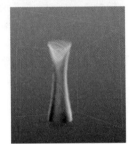
图8-100

知识点 4 优化发射源与流体容器

通过观察可以看出，目前流体的密度不够，并且没有继承粒子的速度。用户可以将流体发射器的"密度/体素/秒"设置为10，"速度方法"设置为Add，"继承速度"设置为1，如图8-101所示。再播放动画，可以得到密度更高和更多拉丝状的流体，如图8-102所示。

随着时间的推移，流体会越发射越多，造成堆积的现象，如图8-103所示。这样就完全失去了龙卷风该有的体积形态。这是因为流体的消散属性未开启，并且浮力值比较大。

图8-101

图8-102

图8-103

在真实的环境中，被龙卷风卷起的沙尘或者水汽等物质，会快速地消散在空气中。而且龙卷风体积非常巨大，周边被卷起的物质上升的速度相对较慢。模拟这类效果就需要将流体容器中"密度"属性栏里的"浮力"值调小，以减缓流体上升的速度。再将"扩散"值调大，使流体快速消散，避免堆积而破坏细节，如图8-104所示。

比如将"浮力"设置为0，将"消散"设置为1.5。播放动画，效果如图8-105所示。

此时流体就有了起伏明显的结构，边缘还有拉丝状的细节。我们还可以开启流体的"漩涡"和"湍流"等属性，使发射出来的流体有翻滚的动态。比如将流体容器"速度"属性栏中的"漩涡"设置为6，"湍流"属性栏中的"强度"设置为0.002，如图8-106所示。此时流体就有了丰富的动态细节，如图8-107所示。

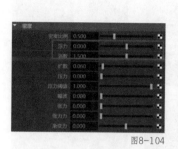   

图8-104　　　　　图8-105　　　　　　　　　　　　图8-106　　　　　　图8-107

为了得到更加精确的解算效果，可以将流体容器"动力学模拟"栏中的"解算器"设置为"All Grids Except Velocity"，如图8-108所示。为了得到更加精细的流体效果，可以将流体容器的"基本分辨率"设置为200或者更高，如图8-109所示。

图8-108　　　　　　　　　　　　　　　　　　　　　　图8-109

注意　流体的模拟非常耗费硬件资源与时间，可以在流体容器的分辨率相对较低时制作出大体动态，然后再提高流体容器分辨率来模拟细节。但是流体容器分辨率提高后，动态模拟可能会不正确，需要重新微调参数以适配新的分辨率。同时粒子运动速度太快，会造成流体出现闪烁或者颗粒状，如图8-110所示。这时，需要增大动力学模拟中的"子步"值来修正。

提高解算精度与容器分辨率后，龙卷风主体部分的最终效果如图8-111所示。

图8-110

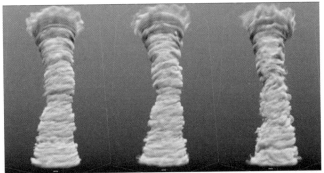

图8-111

知识点5 底部粒子动态制作

底部流体的制作与龙卷风主体的制作方法一样，也是首先使用粒子制作出基本的动态，再使用粒子发射流体。底部粒子动态制作步骤如下。

首先创建一个多边形平面，并为多边形赋予一个基础材质球。在材质球的颜色属性上链接一张渐变纹理图，如图8-112所示。

这张纹理图用于发射粒子，白色区域发射粒子，黑色区域不发射粒子。为了得到更丰富的发射细节，可以在白色区域链接一张噪波纹理图，效果如图8-113所示。

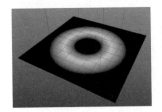

图8-112

图8-113

纹理创建完毕后，选择模型，在菜单栏中执行"nParticle-旧版粒子-从对象发射"命令，使多边形平面能够发射粒子，然后将粒子发射器的"发射类型"设置为Surface（面）模式。最后将制作好的纹理图链接在粒子发射器的"纹理速率"上，如图8-114所示。

为了得到更多的粒子，可以将粒子发射器的"发射速率"设置为100000或者更大。播放动画，就可以得到初步的粒子效果，如图8-115所示。

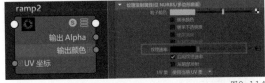

图8-114

图8-115

龙卷风底部的动态也是成盘旋状并向四周扩散的，可以为粒子添加一个体积轴场，并将体积轴场的"远离轴"设置为8，将"沿轴"设置为5，将"绕轴"设置为10，此时可以得到一个呈盘旋状的粒子动态，如图8-116所示。

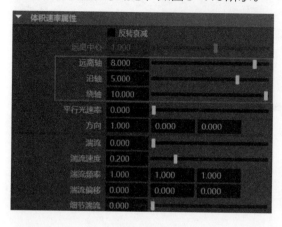
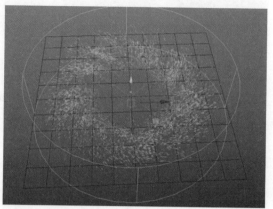

图8-116

知识点 6 底部流体制作

首先在菜单栏中执行"流体-3D容器"命令创建出流体容器，再将流体容器的"基本分辨率"设置为100，"大小"设置为120×30×120，使之包裹住整个粒子，如图8-117所示。

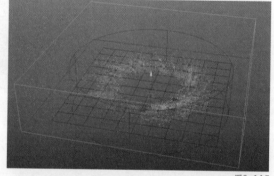

图8-117

选择流体容器，再加选粒子，在菜单栏中执行"流体-添加/编辑内容-从对象发射"命令，播放动画，得到的流体效果如图8-118所示。

将流体发射器的"密度/体素/秒"设置为4，使每颗粒子产生更多的流体。再将流体发射器的"速度方法"设置为"Add"，"继承速度"设置为1，使流体能够沿着粒子运动的方向移动，参数设置如图8-119所示。

开启流体容器"照明"属性栏里的"自阴影"，以便观察流体的阴影关系。再将"密度"

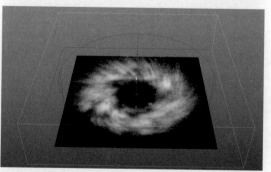

图8-118

属性栏里的"浮力"设置为0.500，使底部流体上升的速度减慢。将"消散"设置为2，可以避免流体堆积。再将"速度"属性栏里的"漩涡"设置为2，使流体运动时有更多翻滚的动态，具体的参数设置如图8-120所示。

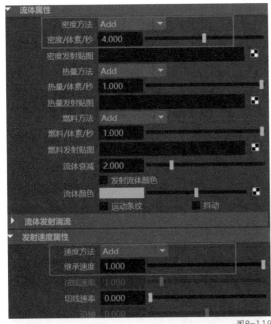

图8-119

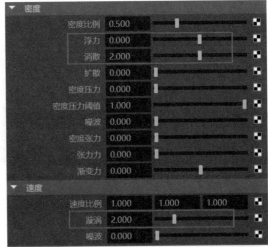

图8-120

此时我们可以得到动态合理的流体效果，最后将解算精度提高，并将流体容器的体素提高，比如将"体素"设置为200，播放动画，效果如图8-121所示。

最后将龙卷风主体与底部的流体同时显示，并创建缓存。播放效果如图8-122所示。

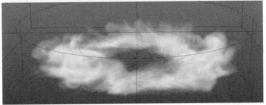

图8-121

图8-122

本案例的核心技术是粒子发射流体，流体容器的密度属性用于控制流体的消散、扩散、浮力等效果。粒子的运动决定流体的运动，粒子的速度不宜过快，粒子的偏移要有明显的起伏变化。流体的消散属性非常重要，它能控制龙卷风产生的烟雾的范围；消散太快没有拉丝的细节，消散太慢又会造成流体堆积而破环整体的形态。最终效果是各种属性相互平衡的结果。

第6节 综合案例——爆炸

爆炸是影视作品中十分具有视觉冲击力的特效，也是CG电影中常用的艺术表示手段。在本节将讲解Maya流体制作爆炸特效的基本流程与技巧，使读者掌握密度、温度、燃料等属性的综合运用方法。案例效果如图8-123所示。

图8-123

知识点 1 创建流体容器与发射源

爆炸是在流体容器内实现的，所以首先需要定义流体容器的大小。在设置流体容器时，尺寸与分辨率会影响流体的动态，尺寸太大和分辨率过高会增加解算时间，尺寸太小和分辨率太低则无法呈现流体细节。合理的尺寸与分辨率是高效制作爆炸特效的前提。

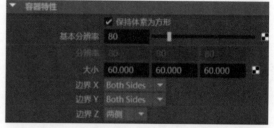

图8-124

在菜单栏中执行"流体-3D容器"命令，将流体容器的"基本分辨率"设置为80，"大小"设置为60×60×60，具体如图8-124所示。在现实生活中爆炸源一般呈球形或者半球形，需要将流体发射器设置为"体积"模式，再将"体积形状"设置为Sphere（球状），如图8-125所示。

图8-125

将流体发生器移动到流体容器底部，并缩放到合适大小，如图8-126所示。搭建好流体容器与发射器之后，播放动画，可以看到缓慢上升的流体，如图8-127所示。

爆炸是一瞬间发生的，需要为流体发射器的速度设置关键帧，使流体在一瞬间产生后立刻停止。关键帧设置步骤如下：选择流体发射器，在"速度"属性上单击鼠标右键设置关键帧，在第3帧设置为100，在第4帧设置为0，如图8-128所示。

爆炸发生一瞬间会产生极高的能量和热量，为了模拟这类效果，需要将流体发射器的"密度/体素/秒"设置为12或者更高，"热量/体素/秒"设置为10或者更高，如图8-129所示。

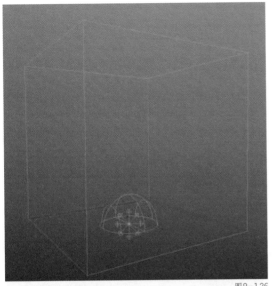
图8-126

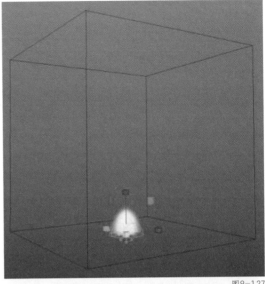
图8-127

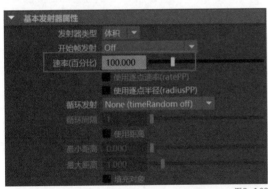
图8-128

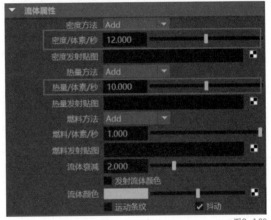
图8-129

当发射器设置了温度属性后，流体容器也需要开启温度与燃料的动力学模拟（见图8-130），否则发射器设置的温度与燃料将不会参与计算。为了得到更加精确的动力学计算效果，可以将流体容器"动力学模拟"栏中的"高细节解算"设置为All Grids，如图8-131所示。

图8-130

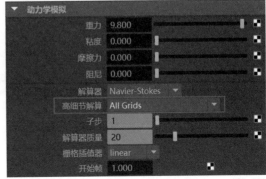
图8-131

此时就完成了流体容器的总体设置，播放动画，可以观察到有一股流体上升，但是没有爆炸时产生的膨胀感和丰富的形态，如图8-132所示。下一步将优化流体容器的解算来模拟爆炸的细节。

图8-132

知识点 2　丰富动态细节

爆炸时气体是瞬间膨胀的，模拟这类效果可以通过流体容器"动力学模拟"栏中的"模拟速率比例"来实现。首先在第4帧将"模拟速率比例"设置为20，使流体的速率在刚产生的几帧内出现20倍的放大，从而产生膨胀的效果。再在第10帧将"模拟速率比例"设置为1，使流体回到缓慢的运动状态，如图8-133所示。

"模拟速率比例"设置完毕后播放动画，就得到了流体瞬间膨胀的效果，如图8-134所示。

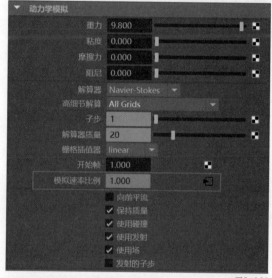

图8-133

图8-134

此时的流体呈球状，但是爆炸中的流体往往是不规则的形态。我们可以通过给流体添加场来改变流体的运动方向，从而改变流体的形态。

给流体添加场的操作步骤如下。首先选择流体容器，然后在菜单栏中执行"场/解算器 - 场 - 体积轴场"命令。再将体积轴场的"体积形状"设置为"Sphere"（球体），"远离中心"

设置为1，"沿轴"设置为10，如图8-135所示。最后将场放置在流体发射器的一侧，如图8-136所示。

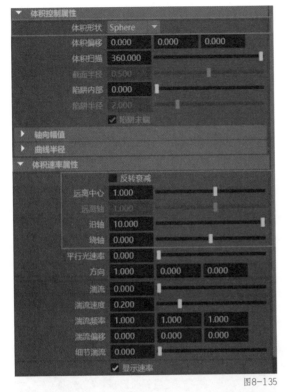
图8-135

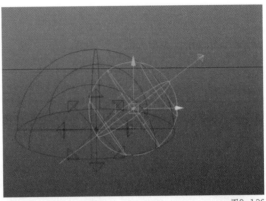
图8-136

放置好体积轴场后播放动画，流体受到场的驱动，运动方向发生了改变，进而使流体的形态也产生了更多细节，如图8-137所示。

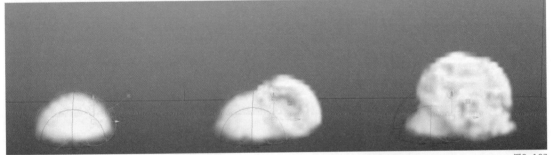
图8-137

一个场改变的细节有限，我们可以通过添加更多的场，使流体受到不同方向的驱动，从而产生更丰富的动态细节。场的摆放如图8-138所示。播放动画，流体效果如图8-139所示。

爆炸还有一个特点：流体在瞬间膨胀后能量减少，烟雾的运动会变得缓慢。模拟这类效果可以为流体容器"密度"属性栏中的"浮力"设置动画，使流体在爆炸开始阶段浮力大，爆炸结束后浮力变小。比如在第4帧将"浮力"

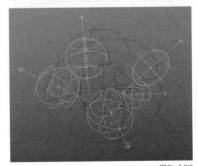
图8-138

设置为1，在第10帧将"浮力"设置为0.5，如图8-140所示。

图8-139

爆炸后烟雾不断翻滚的效果，可以通过流体容器"速度"属性栏中的"漩涡"（应写为"旋涡"）来模拟。由于我们在"模拟速率比例"中设置了关键帧动画，"漩涡"设置为恒定值时，会在爆炸刚开始时产生非常大的旋涡效果，从而破坏流体的形态。所以也需要使"漩涡"值逐步变大，比如在第4帧时将"漩涡"设置为0，在第6帧将"漩涡"值设置为3。为了使烟雾在上升时有更多的动态细节，可以提高湍流的强度，如图8-141所示。

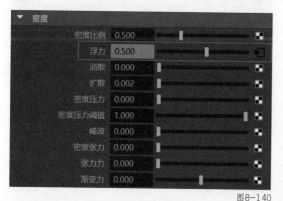

图8-140

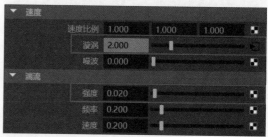

图8-141

完成流体密度属性的设置后播放动画，就得到了动态丰富的流体效果，如图8-142所示。

图8-142

知识点 3　丰富爆炸颜色

在现实世界里爆炸物中的元素不同，爆炸时产生烟雾的颜色也各不相同，比如某些火药爆炸时产生白色的烟雾，TNT爆炸时产生黄色的烟雾，汽油爆炸燃烧时产生黑色的烟雾等，在制作时要根据模拟的元素来设置烟雾的颜色。

在本案例中模拟深灰色的烟雾效果，选择流体容器，在"着色"属性栏中将"颜色"设置为灰色。爆炸时烟雾内部还有红色的火焰，可以将"白炽度"属性栏中的"选定颜色"设置为黑、红、橘黄、白色，再调节"输入偏移"，使烟雾中出现红色区域，如图8-143所示。此时烟雾的颜色为暗红色，如图8-144所示。

爆炸时燃料未被充分燃烧，会随着烟雾上升而逐渐燃烧殆尽，温度也会随着烟雾的翻滚而逐渐降低，颜色由红色逐渐变成黑色。在"温度"属性栏里增大"消散"值，可以控制烟雾中红色消散的速度，比如将"消散"设置为0.3，播放动画，得到的烟雾效果如图8-145所示。

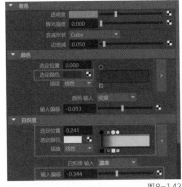

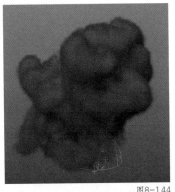

图8-143 图8-144 图8-145

在爆炸发生的一瞬间温度很高，烟雾的颜色会变成发亮的白色。为了模拟这类效果，可以提高燃料释放的热量，燃料释放的热量越高，流体越亮。比如将释放的"热量"设置为100，播放动画，效果如图8-146所示。

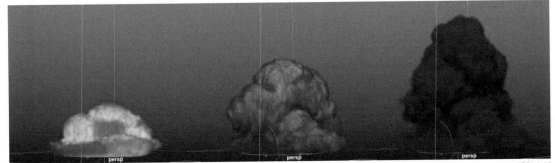

图8-146

注意 提高燃料的温度会加快流体的运动，所以需要适当减小"漩涡"值以避免流体形变太大，同时适当增大"噪波"值可以增加更多细节。

为了使白炽度颜色持续时间更长，可以在"着色"属性栏对白炽度偏移制作关键帧动画，使火球发亮的时间延迟，如图8-147所示。

图8-147

颜色设置完毕后，可以提高流体容器的分辨率，以便得到更加丰富的细节。比如将流体容器的"基本分辨率"设置为200，播放动画，效果如图8-148所示。最终效果调试完毕后就可以创建缓存。

图8-148

　　制作爆炸特效时需要流体发射源、流体容器、场等元素共同作用，完美的爆炸形态是各种参数平衡的结果。发射源提供初始的流体密度、温度、燃料，流体容器和场控制流体的运动状态，温度与燃料控制火焰的分布范围。需要特别注意的是，提高流体容器分辨率会改变流体的动态效果，在制作初期要设置一个稍微接近最终分辨率的值，避免最终效果与测试时的状态差距太大。

本课练习题

填空题

（1）流体特效的所有效果，都是在＿＿＿＿＿＿＿＿＿运行的。

（2）流体发射共有哪几种模式：＿＿＿＿＿＿＿＿＿、＿＿＿＿＿＿＿＿＿、＿＿＿＿＿＿＿＿＿、＿＿＿＿＿＿＿＿＿。

（3）提高流体显示精度的方法是提高＿＿＿＿＿＿＿＿＿值。

（4）制作爆炸、火焰等特效时，流体容器需要开启＿＿＿＿＿＿＿＿＿、＿＿＿＿＿＿＿＿＿、＿＿＿＿＿＿＿＿＿、＿＿＿＿＿＿＿＿＿的动力学模拟。

（5）在＿＿＿＿＿＿＿＿＿窗口可以便捷地编辑流体与场、碰撞的关系。

参考答案

（1）流体容器内

（2）泛向　表面　曲线　体积

（3）基本分辨率

（4）密度　速度　温度　燃料

（5）动力学关系器

◎ 学习如何快人一步？

登录 QQ，搜索群号 748463516 加入 Maya
图书服务群，或用微信扫描二维码关注微信
公众号"职场研究社"，回复"59504"，获取
本书配套资源的下载方式。
海量资源等你来领，赶快行动起来吧！

ISBN 978-7-115-59504-1

9 787115 595041 >

定价：79.90 元

分类建议：计算机／多媒体／Maya
人民邮电出版社网址：www.ptpress.com.cn

Adobe Photoshop 2022 release

CLASSROOM IN A BOOK

- Adobe 公司推出的官方经典教程
- 畅销全球 20 年的品牌图书
- 在全世界以 27 种语言发行

Adobe Photoshop 2022
经典教程 彩色版

[美] 康拉德·查韦斯（Conrad Chavez） 安德鲁·福克纳（Andrew Faulkner）◎ 著

张海燕 ◎ 译

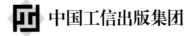
中国工信出版集团

人民邮电出版社
POSTS & TELECOM PRESS